JN097517

メダカの飼育方法 完全版

めだかやドットコム
青木崇浩 著

東京日書院

いろいろな種類のメダカ

メダカには美しい色をした様々な種類があります。
その多彩さもメダカの大きな魅力です。

オーロラ系三色ラメメダカ

オーロラ系メダカ×幹之（みゆき）メダカの交配から、
代を重ねて作出されたメダカです。

オーロラ系三色対外光メダカ

オーロラ系ラメと同系統で、幹之の対外光の特
徴が出たメダカをオーロラ系三色といいます。

白ラメ光メダカ

光メダカと幹之メダカの交配に
よって作出されました。幹之の特
徴であるグアニン結晶は光メダカ
の虹色素胞の上では表れません。
基本的に色素胞の上には幹之の
グアニン結晶は表現されません。

白斑体外光メダカ

白斑透明鱗メダカと幹之メダカの交配から作出
されたメダカ。透明鱗の特徴で、色素がまばら
に飛びます。色抜けした場所に幹之のグアニン
結晶が表れ、体外光として表現されます。

白斑ラメメダカ

白斑メダカと幹之メダカの交配から
作出されたメダカです。

朱赤ラメメダカ

朱赤メダカと幹之メダカの交配から作出されたメダカです。

朱赤ヒレ長メダカ

朱赤目メダカとヒレ長メダカの交配から作出。ヒレの長さは個体差があり、ヒレの大きな個体はとても優雅です。

幹之メダカ(螺鈿光メダカ)

作出者の違いによって、二通りの名称があります。光メダカとは違ったグアニン結晶体が表れたメダカで、ラメメダカや体外光など改良メダカの世界に大きな変革を与えたメダカです。

透明燐幹之系統

幹之メダカの中で、体内にグアニン層が表れる個体と透明燐系統が交配され、さらにその中でも黒色素の強い個体の累代交配によって作出されました。

メラニスティック個体

メダカの黒色素は背地反応によって拡散凝集が起こり、体色が変化するものです。メラニスティック系のメダカは黒色素が強く表れた変異種で、黒色素が強過ぎて、白い容器でも配置反応によっての色の変化がほぼ起きません。

クリアブラウン光メダカ

現在オーロラ系統と言われる元祖のメダカです。普通種と透明燐の中間的透明感を見せていて、改良メダカの傑作とはこのメダカであると筆者は思います。

朱赤斑ラメメダカ

朱赤斑メダカと幹之メダカの交配から生まれました。朱赤斑系統は、色素の交雑によって朱赤がより濃く見えます。

二色対外光メダカ

二色透明燐メダカと幹之メダカの交配から作出されたメダカです。

三色メダカ

上の2点はオーロラ系三色メダカ、下の左は色透明燐対外光、同右は三色透明燐メダカです。

メダカアクアリウム

初心者でも手軽に楽しむことができるアクアリウム。
あなたならではのアレンジを加えてみてはいかが？

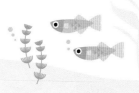

めだか盆栽

ガラス水槽の中で水草を使って表現する現代風盆栽です。
様々なメダカとの組み合わせも楽しめます。

はじめに

　日本メダカは観賞魚としての地位を確固たるものとし、金魚・鯉を超える人気を得るまでとなりました。私が日本メダカ総合情報サイト「めだかやドットコム」を開設した2004年当時、改良メダカを販売する店は私の知る限り全国でも数店のみでした。私が執筆する本の内容はすべて私の実体験をもとに書き上げているものであり、参考文献として特筆するものはありません。

　蛇足ですが、私にとって学問として好きと言えるものは経営学であり、生物学ではありません。私はめだかやドットコムの活動を通して鯉や金魚のトップブリーダーや魚の養殖場を運営されている多くの方に出会い、メダカの飼育方法を学ばせていただいてきました。ご教授いただいたことは全て検証し、私自身が飼育の中で着想を得たことは実験をして得心できたものだけを積み上げてきたと思っています。

学ばせていただいてきた多くの情報は感覚的・経験的憶測から語られるものが多々あり、腑に落ちるまでに時間を要しました。長年の経験から今のアクアリウムに必要なことは、科学性であるという考えに至るのです。めだかやドットコムとしての価値とは、蓄積してきたデータを根拠に誰もが再現可能な技術としてお伝えすることであると強く信じています。特許取得もそのためです。

　私は生体販売に対する興味はなく、ただひたすら日本メダカが心地よく過ごせる環境作りに没頭してきました。メダカ飼育を通じて発見したことを皆様に伝えることが喜びであり、その集大成が「青木式自然浄化水槽」です。

　私が青木式自然浄化水槽を紹介すると、しくみだけでなくメダカと水草が織りなす水槽内全体の景観を美しいと評価をいただくようになりました。メダカの生きる最適な環境を突き詰めてきただけですが、知らぬ間に美しい景色がそこに現れたという感覚です。

本作では、めだかやドットコムとして築き上げてきた知識と経験の
すべてを落とし込もうと思っています。私にとって「メダカ」とは何か
と改めて考えてみると、日本最小の淡水魚である生き物としてのメダ
カという言葉では表現しきれない概念的なものであると感じます。社
会で生きていくために必要なことは全てメダカを通して学んできたと
言っても過言ではありません。

　一言で、メダカは私の「ライフスタイル」そのものです。それでは、
めだかやドットコムの世界をご覧ください。

2022年9月吉日
青木崇浩

本書をご覧になる前に　〜源命液と命水液〜

源命液とは厳密には、納豆菌・乳酸菌・酵母菌・善玉土着菌群の複合菌です。硝化作用を実現するための重要な役割を担います。源命液の中には酵母菌のような硝酸還元菌も含まれていますので、硝化菌のみという意味ではありません。本書では、わかりやすくするために複合性バクテリアと表現します。源命液の中に含まれる善玉土着菌群とは、採取した土着菌から雑菌を取り除いたものとご理解ください。それらの菌を使って、アンモニウムイオン→亜硝酸イオン→硝酸イオンまでの硝化作用を水槽内で実現します。

この複合性バクテリアには、有機物分解作用もあります。命水液は嫌気性バクテリアであり、硝化菌としての働きの他に、脱窒や窒素固定を行います。自然界の地中をバクテリアの働きによって大別すると、好気層と嫌気層に二分されます。青木式自然浄化水槽では、好気層を源命液、嫌気層は命水液を使い疑似的な自然環境を作り上げます。メダカが生む毒素をバクテリアが分解し水草の栄養素を作ります。水草はその栄養素を吸い上げて LED を使い光合成します。水草は水槽内に酸素を供給しながら育っていきます。毒素は栄養素へと分解されていきますので、水槽内には毒素が蓄積せず、バランスが整っていれば水換えが不要となります。

飼育方法を学んでも抽象的な表現やあいまいに結論付けられたことが多いと感じたため、様々な疑問を実体験によって解決し積み上げてきました。私が本書を執筆する最大の目的は、「メダカの楽しさを伝えること」の一言に尽きます。楽しむためにはメダカを飼育できなければなりません。メダカを飼育する楽しさを伝えてきた結果、東北復興支援事業を行う機会を頂戴し、今では海外での講話活動まで行えるようになりました。その中で出会った科学者の方から、SPring-8（大型放射光施設）を使って私の作る水を科学的に可視化しましょうという提案までいただきました。

好きなことを大切にしましょう。そして伝えましょう。

もくじ

第1章　メダカの生態 ………………………………………… 21

第2章　自然環境とバクテリア ……………………………… 41

メダカの生態

メダカとはどんな魚？

日本に生息している野生のメダカと
その繁殖について説明します。

 先祖はキタノメダカとミナミメダカ

　本書でお伝えする「メダカ」とは、古来より日本に生息する「キタノメダカ」と「ミナミメダカ」とその交雑種である、通称改良メダカの総称です。いま私たちが親しんでいる様々な色合いや形のメダカは、このキタノメダカとミナミメダカが先祖なのです。

　過去の文献によると、江戸時代より鑑賞用としてヒメダカが存在しており、学術的にはダツ目メダカ科に属し、近隣諸国にも同属の魚が存在しますが、日本メダカとはこの2種のみを指します。

 いま野生のメダカが戻りつつある

　水田を泳ぐ野生のメダカは、稲の育成を阻害する害虫を食べてくれるなど、米が主食である日本人にとって、メダカは歴史的にも文化的にも馴染みの深い魚で、英語では「ライスフィッシュ」と呼ばれます。

　けれども、戦後の農薬の台頭でメダカの活躍する場所がなくなってきたことや、都市開発により河川が汚染されたことで、自然界のメダカは激減していきました。その結果、1999年に環境庁（現環境省）によって絶滅危惧種Ⅱ類に指定されています。ただ近年では、メダカの保護活動が進んだこともあり、少しずつ野生のメダカが増えつつあると言われています。

 誰もが簡単に飼える丈夫な魚

　日本メダカは淡水魚で最も小さい種類に属していることから、弱い魚だと

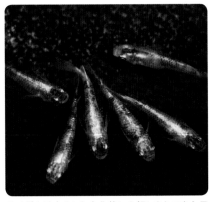

▲メダカは古くから文化的にも親しまれてきた日本最小の淡水魚です。

メダカの生態

自然環境とバクテリア

室内での飼育方法

屋外での飼育方法

飼育に役立つ鑑賞水草

めだか盆栽の魅力

青木式ミジンコの連続培養

メダカの繁殖

遺伝のしくみ

Q&A　ワンポイント

▲オーロラ系幹之

思われがちですが、実はとても丈夫で育てやすい魚です。環境の変化にも比較的強く、熱帯魚のように複雑な道具や手間がいらず、条件を守ることができれば、屋内でも屋外でも誰もが簡単に飼うことができる魚なのです。また飼育費用が安価で済むのもうれしい点といえます。

メダカの平均寿命は1～2年

　メダカは卵から約3カ月で成魚になり、平均寿命は1～2年です。なかには長生きするメダカもいて、4年以上生きた例もあります。

　ただし、水温の急激な変化など、飼育環境が適切でなければ、もともと弱い個体の場合はすぐに死んでしまうこともあります。

繁殖が簡単なのも魅力の一つ

　メダカはちょっとしたコツをつかめば、どんどんふ化させることができ、これまで魚を飼育したことのない人でも、産卵から成魚になるまで簡単に育てることができる魚です。繁殖が容易にできるのもメダカ飼育の大きな魅力で、生まれたての稚魚のかわいらしさや、エサをどんどん食べて成長していく姿を見るのも楽しみの一つといえます。

　またメダカは金魚や鯉に比べて飼育や繁殖の歴史が浅く、掛け合わせなどで新品種が生まれる可能性を多く秘めた魚でもあります。もしかしたら、あなたの水槽から新しい種類のメダカが生まれるかもしれません。

日本で生息するメダカ

**日本のメダカはどのような性質や
特徴があるのでしょうか。**

野生のメダカは「黒メダカ」

日本のメダカはもともと、キタノメ
ダカとミナミメダカの2種類に分けら
れ、それぞれの特徴は次のようなもの
でした。

＊キタノメダカの特徴／オスメダカの
背びれの切れ込みが浅く、鱗周りに
黒色素が強い。特に尾ヒレの付け根
に黒色素が集中している。

＊ミナミメダカの特徴／オスメダカの
背びれの切れ込みが深く、キタノメ
ダカに比べて全体的に黒色素が入
り、ぼやけたような色合い。

こうした日本の野生のメダカは、グ
レーや黒ずんだ少し地味な色合いをし
ていて、「黒メダカ」とも呼ばれてい
ます。素朴で日本的な魅力があり、愛
好家からも親しまれています。

ちなみに、私たちがいまペットショッ
プなどで購入できるメダカは、このキ
タノメダカとミナミメダカの交雑種の
中から、色や体の変わったメダカを選
別交配しペットとして好まれるような
色合いや風貌に変化させてきた「改良

▲改良メダカの祖先は、本州の河川に生息する
野生メダカです。

メダカ」です。黒メダカ、改良メダカ
のいずれもペットショップで入手する
ことができます。

水草の生えた浅瀬を好む

野生のメダカは日の出とともに活動
を始め、日中は主にエサを探して食べ
ることに時間を使います。日が暮れて
暗くなるにつれて動きがにぶくなって
いき、やがて眠りにつきます。メダカ
に限らずどんな魚も眠りますが、まぶ
たを閉じないため外見では分かりにく
いかもしれません。

メダカは昔から田んぼをはじめ、日本各地の河川や池、沼などの淡水に広く生息してきました。水の流れのゆるやかな、水草の生えた浅瀬はエサとなる微生物が多くいるため、メダカが好んで棲み処としています。また、他の魚に比べて塩分への耐性が強いのも特徴で、海や湖に近い河川下流域で見られることもあります。

野生のメダカと会える場所

季節＝春〜夏　　時間＝朝〜夕方
場所＝川や田んぼなどの浅瀬

メダカのなわばり行動

メダカは仲間を見ると近づいていく習性があり、群れをつくります。群れをつくると同じ方向を向いて泳ぐ性質があるのもメダカの特徴です。

池や小川など自然界で群れをつくっ

▲野生メダカは茶色っぽく自然界で目立ちにくい体色をしています。

ているときは、あまり「なわばり行動」は見られませんが、水槽などで飼育しているときには、ときおりケンカや小競り合いのような行動が見られることがあります。ただし、なわばり行動で弱いメダカが殺されてしまうようなことはありませんから心配は無用です。

稀に気性の荒すぎるメダカもいますので、他のメダカを追い回すような行動が日々続くようなら別水槽で飼育するなどの工夫をお願いします。

また、群れは種類によってつくられるわけではないため、水槽に入れる種類を気にする必要はありません。ただし、メダカの大きさに違いがあり過ぎると、小さなメダカが十分にエサを食べられないこともあるので注意しておきましょう。大きなメダカの半分ぐらいのサイズであれば、同じ水槽でも飼育可能です。

水温が低くなると冬眠する

自然界にいる野生のメダカは、冬になると冬眠します。水槽やスイレン鉢で飼育されているメダカも同様で、冬になって寒さが増し、水温が5度以下になると、水底でじっと動かず仮死状態のまま過ごすようになります。やがて春になり水温が上がり始めると、水面近くに上がってきてエサを食べ始めます。

メダカの体の特徴

**メダカの体の特徴やオスとメスの
見分け方を知っておきましょう。**

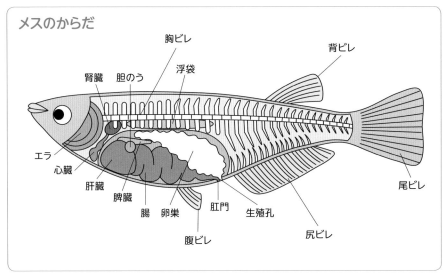

メスのからだ

胸ビレ
背ビレ
浮袋
腎臓　胆のう
エラ
心臓
肝臓
脾臓
腸　卵巣
肛門
生殖孔
尾ビレ
腹ビレ
尻ビレ

▲メダカは遺伝学の研究に用いられてきましたが、現在では飼育や遺伝子操作が容易であるため、病気の研究でも活躍しています。

目が高い位置にあるから「メダカ」

　メダカの全長は3〜4センチと、日本一小さな淡水魚として知られています。見た目のいちばんの特徴は、目が大きく、高い位置についていること。これが「目高＝メダカ」の語源の一つと言われています。

　メダカは背骨と内臓の間に浮袋があり、2つに分かれた浮袋を持っていま

す。血中の酸素を使って前を膨らませたり後ろを膨らませたりすることができ、それを調節しながら泳いでいます。また、メダカは無胃魚と言われ、その名の通り胃がなく、消化器官が胃と腸の両方の役割を担います。食べ物を胃に貯蔵できないため、メダカをふっくら成長させるためにはエサの回数を増やす必要があります。

自然環境と
バクテリア

室内での
飼育方法

屋外での
飼育方法

鑑賞水草
飼育に役立つ

めだか盆栽の
魅力

青木式ミジンコ
連続培養

メダカの繁殖

遺伝のしくみ

Q&A

ワンポイント

オス

メス

▲オスとメスの判断はヒレの形で見分けます。

オス

▲光メダカオス
尻ビレが背ビレに転写し、両ビレが同じ形状をして
います。

メス

▲光メダカメス
普通種の尻ビレの形を知っていれば判別は簡単で
す。

メダカのオスとメスの見分け方

　メダカのオスとメスは、一見すると見分けるのが難しいと感じるかもしれませんが、実際には、横から見ると簡単に見分けられます。

　オスの背ビレはメスよりも大きく、ギザギザした形をしているのが特徴です。尻ビレもメスより大きく、やや台形の形をしているのに比べ、メスの尻ビレは三角形に近い形をしています。またオスの尻ビレは、産卵期（5〜9月）になると白く変化していくという特徴もあります。

　全体的な体の形は、オスよりもメスのほうが丸みを帯びていて、肛門部分もオスとメスとは違っています。ただ、分かりやすいのは背ビレと尻ビレの違いですので、この点をしっかりと見ることで判別すると良いでしょう。

メダカの喜ぶ環境とは

〜水環境

メダカが安全に暮らせるための
水環境を理解しましょう。

 ### 日本の水道水はメダカにも安全

　日本メダカはその名の通り日本の魚なので、日本の水質に順応します。

　メダカが好む環境は軟水で、pH は弱酸性からアルカリ性です。よく「メダカ飼育に川の水を使うと良い」、「井戸水の利用がおすすめ」という話を聞きますが、どちらも雑菌が多いためおすすめしません。

　井戸に関していえば、深井戸や地中深くから湧き上がる「湧き水」を利用できるのであれば素晴らしいと思いますが、一方であまり現実的ではありません。

　日本の水道から出てくる水の安全性は世界最高水準にあり、水道水からカルキを抜いた水が最も安全でメダカ飼育に適しているといえます。

 ### カルキが抜ければ「新鮮な水」

　水道水には消毒のために塩素が含まれています。この塩素をカルキといいます。

　カルキは人間が摂取しても健康に影響は与えませんが、体の小さなメダカにとっては影響があります。そこで、メダカを飼育する前にはカルキを除去しないといけません。

　日の当たるところに一昼夜汲み置きした水を置いておくとカルキが抜けるといわれますが、これは紫外線がカルキを分解するもので、そのはたらきを「光分解」といいます。

　大体 6 時間ほど日光が当たると、カルキは全て分解されます。水道水のカルキが完全に抜けた状態は「新鮮な水」であり、魚にとってとても安全な水となります。

　カルキの中和剤を使用する人も多いですが、本書ではおすすめしていません。中和剤に含まれるチオ硫酸ナトリウムという物質がカルキを中和するものの、この残留物質は魚に悪影響をおよぼします。

　カルキに関しては薬品に頼らず、日光に当てて安全な水作りを行うことをおすすめします。

メダカの生態

自然環境と
バクテリア

室内での
飼育方法

屋外での
飼育方法

飼育に役立つ
鑑賞水草

めだか盆栽の
魅力

青木式ミジンコ
連続培養

メダカの繁殖

遺伝のしくみ

ワンポイント
Q&A

毒素を薄めるための「水換え」

このように、メダカの飼育において最も大切なことの一つが、水質をつねに毒素の溜まらない状態に保つことなのです。

メダカのフンや食べ残しが腐敗してしまうことで、水槽内の水質は悪化してしまいます。水槽内にバクテリア環境が整っていないとアンモニウムイオンが分解されず、毒素が水槽内に充満してメダカが死んでしまうのです。この毒素を薄める行為が「水換え」で、とても重要です。水換えについては後の章で詳しく説明しますが、メダカは体が小さいため、少ない毒素量でも死んでしまうことをよく覚えておく必要があります。

メダカの「命水」を作る石

こうした水質の維持をはかるために、「命水石」を利用する方法があります。「平成の名水百選」にも選ばれた埼玉県の石龍山という場所に、天然のメダカが生息するスポットがあり、この水源の石を砕いて多孔質なセラミック状にしたのが「命水石」です。メダカ飼育に必要な成分が多く詰まった、まさにメダカにとっての「命水」をつくることができる石といえます。

この石をネットに入れ、水道水入りの水槽に吊るすだけで、酸素やミネラルを豊富に放出してくれます。1カ月ごとに1回、天日干しすることで効力を強く発揮し、何度でも使用できます。

▲命水石はカルキを吸着する効果もあります。

▲多孔質であるため、ミネラル分を放出しやすくバクテリアの棲家になります。

エサの種類とやり方

メダカが好むエサの数々とエサやりの
方法について説明します。

エサは成分と嗜好性が大事

メダカの口は小さく、水面に浮いたエサを食べやすいようにできています。そのため浮上性の高いパウダー状のものや、エサを細かくすりつぶしてから与えるようにします。よく浮くのはドライフードで、それだけも十分に育てられますが、たまにイトミミズなどの活餌（いきえ）や冷凍のエサなどを与えたほうが健康に育ちます。

メダカのエサのパッケージには成分表があり、タンパク質、脂質のほか灰分などのミネラルの記載があります。おすすめのエサの成分は次の通りです。

＜タンパク質：50％以上／脂質：10％以上／繊維：3％／灰分：20％＞

また、成分以外に大事にすべきなのが嗜好性です。メダカには味覚があり、味のないものは食べません。エサをしっかり食べなければ丈夫なメダカにはなりませんから、メダカの好むエサをあげたいものです。

エサの種類と保存方法

ドライフード

ドライフードは顆粒状のものが多く、稚魚には小粒、成魚には大粒のものを用意します。種類は多くありますが、栄養価に大きな違いはありません。
保存：密閉して日陰に置きます。古くなる前に使い切りましょう。

活餌

イトミミズやアカムシなどは、身近な自然から採取できる栄養価の高い活餌です。ボウフラもよく食べる活餌で、アミですくってメダカに与えます。
保存：活餌は新鮮であることが大事ですから、保存せずに使い切るのが基本です。メダカが食べきれる分だけ調達するようにしましょう。

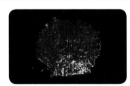

冷凍のエサ

活餌が手に入らない場合や、苦手な人には冷凍のミジンコやブラインシュリンプなどもあります。やや高価ですが、手に入りやすく取り扱いも簡単です。
保存：そのまま冷蔵庫で冷凍保存します。

与えるエサの目安　成長段階に応じてエサの量と頻度を調節します

	エサの種類	頻度／日	時間
稚魚	ドライフードを手やすり鉢で細かくパウダー状にすったもの	3回	朝昼夕
成魚	ドライフードや活餌、冷凍のエサ	2回	朝夕
産卵期	ドライフード、冷凍のエサ。とくに活餌がおすすめ	2回	朝夕
高齢期	ドライフードや活餌、冷凍のエサ	2回	朝夕

エサの与え方と頻度は?

　メダカは食いだめができない魚のため、つねにエサを求めているようなふるまいを見せます。けれども頻繁に与えることは避け、少量を数回に分けて与え、残って浮いたエサがあるようなら量を少なくしていきます。

　特に水槽のメダカは肥満になりがちで、それが原因で病気になったり、繁殖に影響が出ることもあります。2～3分で食べ切れる量を朝と夕方の2回与えるのが基本で、メダカの食べ具合で量は調節しますが、エサの与え過ぎは禁物ですから「少量ずつ」と覚えておくことが大切。食べ残しのエサは水槽内の水質悪化の原因になります。

稚魚にエサを与えるときは?

　ふ化したばかりの稚魚には朝昼夕の3回、ドライフードをすりつぶしてパウダー状にしたものを手でまいて与えます。食べ残しがないかを確認し、少量ずつ与えます。

　なお、ふ化してから2日は体内にヨークサックという栄養分が入った袋を持って生まれてきます。生後3日からしっかりエサを食べたかどうかでその後の健康状態が決まります。とても小さな体なので捕食が難しいため、この時期は特にミネラルが豊富な水であったり、植物性プランクトンの豊富なグリーンウォーターが活躍します。

▲すり鉢がないときは指ですりつぶしながら与えます。

活餌に挑戦しよう

活餌とは生きているエサのこと。
メダカは活餌を好んで食べます。

メダカが喜ぶ栄養食

活餌、つまりブラインシュリンプやミジンコ、アカムシなどの活餌は栄養が豊富に詰まっていて、美しいメダカの成長に欠かせない食べものです。メダカの食いつきもよく、喜んで食べてくれることからも優れた栄養食といえます。

ただ、ドライフードなどの人工のエサに比べて手間がかかり、高価であるのが難点です。また生のエサのため新鮮さが命で、そのぶん保存方法にまで気を配らなければなりません。

屋外飼育であれば自然とボウフラなどが手に入りますが、屋内飼育の場合はなかなか確保できず、いつも与えることが難しくなります。与える際には、環境の変化を防ぐためにも活餌は適量にとどめることが大切です。

活餌の種類は?

活餌にはいくつかの種類があり、いずれも身近な自然から調達できる生のエサです。

〔イトミミズ〕〔アカムシ〕〔ボウフラ（蚊の幼虫）〕〔ブラインシュリンプ〕

屋外飼育であれば、夏場になると水たまりにボウフラが発生することがあるので、それをアミですくって与えると良いでしょう。プロでもよく使うブラインシュリンプは、ペットショップなどで売っている卵をふ化させて与えます。他にも、植物性のプランクトンや小さな昆虫なども食べることがあります。

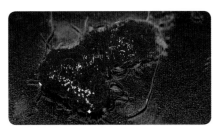

▲イトミミズ

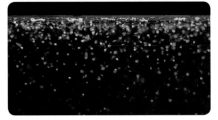

▲ミジンコは大き過ぎて稚魚には捕食が困難。

メダカの生態

自然環境とバクテリア

室内での飼育方法

屋外での飼育方法

飼育に役立つ鑑賞水草

めだか盆栽の魅力

青木式ミジンコ連続培養

メダカの繁殖

遺伝のしくみ

ワンポイントＱ＆Ａ

Q 活餌は稚魚から与えてもいい？

稚魚から与えても OK ですが、その場合にはなるべくタマミジンコの幼生を与えるようにします。活餌は栄養価が高いため丈夫な体に育ち、メダカの成長を促す効果を高めてくれます。稚魚飼育では、ミジンコよりも小さなゾウリムシを活餌として与えます。

▲タマミジンコはメダカの活餌として最適。

Q 活餌を与えるときの注意点は？

生き物のエサであれば良いのですが、油分を含んだ生のエサを与える際には注意が必要です。河川と違って水槽には水流がありませんから、油が流れることがありません。水の表面が油でギトギトになってしまい、水質悪化が進んでメダカが死んでしまうことがあります。メダカはいろいろな生のエサを好んで食べてくれますが、油かすやゴマなどはそれに当てはまりますので避けるようにしましょう。たんぱく質を多く含むエサは最適ですが、油分を含むエサは水を汚します。ゴマなどは栄養価が高いのですが、油分を含むため与えないようにしましょう。

メダカの活餌として「ミジンコ」は最適

水中でプランクトンとして生活する「ミジンコ」は、メダカの活餌としてもとても優れたものです。微小の生き物のため稚魚から食べることができ、栄養価も高いので生エサとして最適といえます。稚魚の段階ではゾウリムシ、成魚の半分ぐらいのサイズまで成長したらミジンコが最適です。

メダカのエサとして与えていくには、水槽内で繁殖させていくことが有効ですが、その一方で水質にとても敏感なため、屋内飼育での小型の水槽でミジンコを養殖するのはとても難しいものでした。

そこでミジンコの特性を調べてみ

▲青木式ミジンコ連続培養

ると、ミジンコは穏やかな水流と酸素が豊富にある環境で、酵母菌をエサにして生きていることを発見。この状況を水槽で再現することで、ミジンコを培養することに成功しました。＜青木式ミジンコ連続培養の方法を164ページで紹介しています＞

病気の予防

メダカが変な動きをしたら病気にかかっている
かもしれません。予防法を知っておきましょう。

 病気の治療よりも予防が大切

メダカはそもそも強い魚といわれますが、それは水質や水温への適応範囲の広さを示したもので、小さな魚であることから、外傷や病気には他の魚に比べて弱いといえます。

そして、小さな体ゆえに、病気にかかって症状が現れてしまったときには、もう手遅れという場合もあります。

そのため、病気を防ぐことが何よりも大事といえるのです。

主な病気の原因となるのは、過密飼育や水槽の管理不足による水質悪化です。また、人間と同じでストレスが病気の大きな原因になります。水草などの隠れ家のない環境、そして強い水流などは大きなストレスを与え、メダカの免疫力を低下させてしまいます。

 メダカのこんな行動が見られたら要注意!

イライラした様子で泳ぎ回る

イライラしているかのように、突然水槽の中を泳ぎ回ることがあります。脳疾患や心疾患の可能性がありますが、明確な原因は分かっていません。ただ、病気でないこともしばしばあります。

尾ビレが下に下がってくる

見た目にも分かる様に、尾ビレが下に垂れ下がってきます。2歳ぐらいになると体の張りがなくなってくるもので、老化が主な原因です。

体を水底にこすりつける

メダカが水底に体をこすりつける姿が見られるようなら、急激な水温の変化にストレスを受けていることが考えられます。強いストレスはメダカの病気の原因になるので注意が必要です。

病気を予防するために注意すべきことは?

自然環境とバクテリア

室内での飼育方法

屋外での飼育方法

飼育に役立つ鑑賞水草

めだか盆栽の魅力

青木式ミジンコ連続培養

メダカの繁殖

遺伝のしくみ

ワンポイントQ&A

Point 1 水質を悪化させない

　メダカが病気になる一番の原因は、水質の悪化です。メダカにとって、水質は命と同じといえるもの。汚れた水の中だとメダカの抵抗力が落ち、病気にかかりやすくなってしまいます。過密飼育は避け、水換えを定期的に行いましょう。

Point 2 エサを与え過ぎない

　メダカが食べるからといって、エサを与え過ぎるのは禁物です。エサを食べ過ぎると肥満になり、病気にかかりやすくなります。また、エサの食べ残しは水質が悪化する大きな原因となります。エサは、少し足りないかな、と思うくらいが適量なのです。

Point 3 メダカに傷をつけない

　魚にとって人間の体温はとてつもなく高いと感じます。そのため、メダカを直接手で触るのは絶対に避けましょう。また、網ですくうときもメダカの体に傷がつきやすいので、優しく丁寧にすくってあげることが大切。乱暴に扱うと体に傷がついてしまい、病気の原因になります。メダカの体の周りには、病原菌や傷から体を守る粘膜があります。網で何度もすくうと粘膜が剥離し、そこから病気になります。

 ### 水槽の立ち上げ時に塩を入れる

　メダカが病気にかかってしまったとき、そのままにしておくと他の元気なメダカに病気が感染してしまい、一気にたくさんのメダカが死んでしまうことにもなりかねません。目に見える行動や症状が見られたら、すぐにそのメダカを隔離し、治療していくことが大事です。

　そうならないためにも、日頃からの病気に対する予防が欠かせないのです。効果的な対策としては、水槽の立ち上げ時に塩を入れる方法もあります。この予防だけでも病気が発生する確率を下げることができます。

　その上で、ふだんからメダカの様子をこまめに観察していくことが何よりも大事といえるでしょう。

病気と対策

メダカの代表的な病気と治療法に
ついて知っておきましょう。

 ## 大事なのは早期発見

　愛情をもって毎日メダカを観察して
いれば、メダカの病気はすぐに発見で
きます。メダカの様子が「おかしいな」
と思ったら、早めの対処が必要です。

〔主な症状と対処法〕
◎泳ぎ方に元気がなく、冬場でもない
のに水底でじっとしている。
（対処法）水が汚れていたら水換えを
して様子を見ます。もし治らないよう
なら隔離をしてしばらく様子を見てみま
しょう。別水槽に移すときは水合わせ
（77ページ参照）を行うことを忘れずに。
◎他のメダカが元気なのに、なぜかや
せ細っていく。
（対処法）急激な水温変化や水質悪化
が原因かもしれません。水が汚れてい
たら水換えをして様子を見ます。ただ
し、やせたからといって、エサを大量
に与えるのは禁物です。

病気になったら隔離して、薬浴か塩水浴で治療を

病気にかかってしまったメダカは、他のメダカ
から隔離します。隔離した水槽には、専用の薬
や塩を入れて治療します。

治療に使う薬

●クリーンF
尾ぐされ病や白点病、
水カビ病の治療に効果
的。水草にも優しい薬
品です。

●メチレンブルー
尾ぐされ病や白点病、
水カビ病の治療に最適。
水槽内でよく混ぜます。

●マラカイトグリーン
尾ぐされ病や白点病、
水カビ病の治療に。消
毒薬として外傷治療にも
役立ちます。

塩水浴の手順

①大きめの容器を用意
治療するメダカの数に合わせた水の量が入る容器を
用意。1匹1ℓが目安。
②作っておいた水を入れる
水道水を1日くみ置きした水か、中和剤で中和させた
水を使います。
③適切な量の塩を入れる
1ℓの水に対し、5g程度の塩を溶かして入れます。
※塩はミネラル分を多く含んだものを使用。岩塩や
　粗塩などがおすすめ。
④メダカを入れる
メダカを傷つけないよう、静かに入れます。治療期間
中はエサを少なめに。
⑤徐々に塩分濃度を薄める
メダカが元気を取り戻したら少量ずつ水換えをし、
徐々に塩分濃度を薄めていきます。

◎薬は単体で効果が出るようできているため、塩と混ぜて使うのはNGです。

メダカの病気と症状・対処法

尾ぐされ病

（イラストと症状）尾ビレが細くなり、ヒレが壊死し、ささくれて溶ける。

（原因）ヒレにカラムナス菌が傷口から寄生するといわれています。元気のないメダカが悪い水質の環境でかかることが多くあります。
（対処法）感染するので隔離をします。塩水浴（1%濃度）や薬で治療します。

水カビ病（綿かむり病）

（イラストと症状）メダカの口やエラに白い綿のようなものがつく。

（原因）傷に糸状菌が付着して感染します。無精卵のカビも水槽内の糸状菌が増殖したものです。栄養状態の良い健康なメダカはあまり発症しません。
（対処法）隔離して塩水浴（1%濃度）をするか、薬剤で治療します。

松かさ病（エロモナス病）

（イラストと症状）鱗が逆立ったような状態になる。体に出血斑が見られる。

（原因）ストレスによる免疫低下などでエロモナス菌に感染して発症します。
（対処法）塩水浴（1%濃度）か薬剤で治療しますが、予後は良くありません。

白点病

（イラストと症状）目や体表、ヒレに小さな白い斑点が表れる。

（原因）18度以下低水温時や、急激な水温下降時に白点虫という寄生虫が寄生して起こります。
（対処法）30度くらいに水温を上げて、塩（1%濃度）を入れて殺菌します。または薬剤による治療を。

過抱卵病（かほうらんびょう）

（イラストと症状）メスのメダカ特有の病気で、お腹が異常にふくらむ。

（原因）メスの病気であり、水槽内にオスがいないか、相性の良いオスがいない場合に起きます。
（対処法）薬や塩水浴では効果がなく、オスを入れてあげることによって産卵を促す以外に対処法がありません。

外傷

（イラストと症状）体やエラに傷を負う。出血が見られることも。

（原因）鋭利なものにぶつかって傷を負うことやメダカ同士のケンカで傷を負うこともあります。
（対処法）重症でなければ、多くの場合は自然治癒します。重傷であれば隔離して薬剤で治療します。

メダカと自然環境について考えてみよう

飼育するメダカと野生のメダカの違いを理解しましょう。

メダカが川からいなくなった

メダカが生息する川を例に、自然環境について考えてみましょう。メダカは平地の池や湖、水田や用水路、河川下流域から汽水域にも生息し、強い水流を嫌い、緩やかな流れの環境を好みます。

筆者の住む八王子市には、浅川があります。今では川沿いは舗装され、マンションが立ち並ぶようになり、もうメダカは生息していないとのことです。川を取り巻く環境が変わってしまったからです。

バクテリアが死んでしまう環境

開発によって汚水が川に流されると、自然界のバクテリアのバランスが崩れます。きれいな川とは、ひと言で「バランスの整った環境」であること。長い年月をかけて、空気中のバクテリアが川に棲みつき、バクテリアが生き物の出すフンや死骸などの毒素を分解します。同時に、生き物の栄養素を作

り上げるというしくみです。そこに汚水が入ることによって、川に生息するバクテリアが死んでしまうことがあるのです。

一つが崩れると全てが崩れる

バクテリアが活躍する良い環境のサイクルを「窒素循環」と言い、それは世界中どこでも同じです。それが、人為的な工事や、分解量を超えるゴミの投入などによってバランスが崩れると、バクテリアが死に始めます。

▲良い環境とは、動植物とバクテリアの良いバランスがとれているということです。

そうなると、そこで生きる動植物の環境が悪くなり、動植物は死滅していきます。環境は連鎖して保たれていますので、一つが崩れると全てがダメになってしまうわけです。

メダカを放流してはいけない理由

自分で飼育したメダカを、河川に放流してはいけません。その理由は、生態系を壊してしまう恐れがあるからです。

改良メダカとはキタノメダカとミナミメダカの交雑種であり、体色も変異した個体です。同じメダカだからいいのでは？と思うかもしれませんが、改良メダカと野生メダカの色素や特徴は違っていますので、交雑をすると子孫は外敵から目立ちやすくなり、自然界で生き残っていけなくなります。

自然観環境は、水はもちろんのこと、動植物や土壌など様々なものがバランスを保ち構成されています。魚もその要素の一つであり、在来種ではない魚の放流によって、いずれ川全体の問題を引き起こす可能性があるのです。

なぜ野生メダカがいなくなったのか？

放流によって、自然界に何が起こるかを考えることが大事です。そして、なぜ野生メダカがいなくなってしまっ

▲放流によって、自然界に何が起こるのかを考えることが大事。

たのかについて考えましょう。

メダカは清い川に生息する魚であり、メダカが生息していた元来の環境に戻していくことに異を唱える人は少ないと思います。けれども、メダカが減ってしまった川にも、今の環境のバランスがあり、人為的に急速な変化を与えるべきではないといえます。時間をかけて他の生物や植物への配慮をしつつ、ゆっくりと過去にめだかが生息していた環境バランスに戻していくことが望ましいといえるでしょう。

日本メダカは絶滅危惧種

　1999年2月に当時の環境庁によって絶滅危惧種II類にメダカが記載され、2003年5月には環境省によってレッドデータブックに絶滅危惧種として指定されました。ここで保護活動の問題点と環境について考えてみたいと思います。

　日本メダカとは、大きく北日本集団のキタノメダカと南日本集団のミナミメダカに分けられています。絶滅危惧種に指定されたことによって、保護活動が過熱しました。野生メダカを捕獲して自宅で増やして川に戻すという活動もその一つです。

　しかし、地域ごとに遺伝子的違いが検出されていて種の保存を目的とするならば、生息域や遺伝的違いの理解、交雑に配慮した飼育環境が整わないと逆に絶滅を進行させてしまう結果となります。

　昨今のメダカブームで大人気の改良メダカは全国様々な野生品種の交雑種であり、絶対に放流をしてはいけません。南日本集団はさらに9種類に細分化されます。長年全く違う環境下で変異した特徴はその環境に順応するようにできており、他の遺伝子が入り込むことで順応できない個体が広まるのです。

　私のできる日本メダカ保護活動は、絶滅危惧種に至った問題点を広く伝えることと壊れた環境をどのように戻していくべきなのかという理論を広めることだと考えています。

　メダカが好きで自然浄化水槽を作り上げていく過程で学んだ窒素循環を今後の環境問題の解決に活かしていきたいと思っています。

第 **2** 章

自然環境とバクテリア

なぜ川、湖、海は常に浄化されているのか

自然が常に同じ状況を保っているのは自然による浄化システムがあるからなのです。

 ## 素晴らしき自然の浄化作用

たとえば、川や湖、海など、自然の浄化作用というものは、自然界では当たり前のように行われています。地球上では、約40億年もの長きにわたって、このシステムが連綿と維持されてきました。

この川や湖、海などの自然界には、様々な生物が共存しています。雨が降り、環境の変化をおよぼすような物質が入っても、それはおのずと浄化されていきます。つまり、ひとりでに魚の棲みやすい環境ができ上がっているわけです。

そうした浄化作用に大事な役割を果たすのが、バクテリアです。自然界には有益なバクテリアが多数存在していて、有害物質を分解し、つねに水を浄化しているのです。

 ## 「バクテリア水」が浄化のカギ

右ページのイラストのような、海を例に考えてみましょう。

海底には地下水流が湧き水となって海に流れ込んでいます。ここで重要なのは、この湧き水が単に湧き上がっているのではなく、海底を通過する間に、嫌気バクテリアの層も通過しているということです。

バクテリアの層を通過するということは、バクテリアを取り込んだ栄養や浄化能力をもった水が湧き上がってくることを意味します。つまり、空気中に浮遊するバクテリアと地中から湧き上がる嫌気性バクテリアの相互作用が、自然の浄化に大きな役割を果たすことになるわけです。

有名な米どころである水田を調査したところ、そこにはバクテリアが多数存在して、同じような浄化が行われていることが分かりました。この自然浄化のしくみがあれば、メダカはきれいな水の中で生き続けていくことができるはず。

そう考えた私は、水槽の中にこの自然浄化と同じシステムを作ることを目指したのです。

微生物連鎖による自然浄化

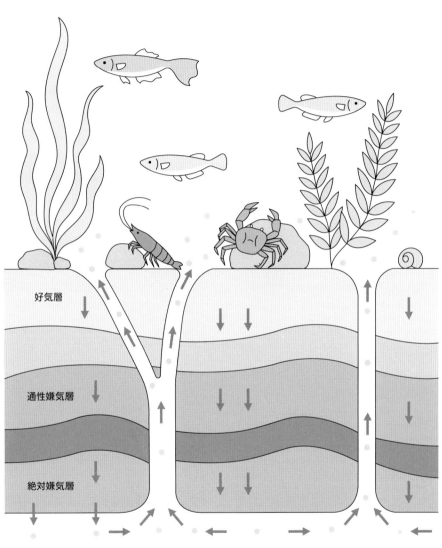

好気層

通性嫌気層

絶対嫌気層

▲海底の層は、大きく3つの層ででき上がっています。一番上には好気層（酸素を含むバクテリアが生息）、中間地点に通性嫌気層（酸素があってもなくても活動するバクテリアが生息）、海底部分には絶対嫌気層（酸素がない状態で活躍するバクテリアが生息）があります。この3層を通して微生物連鎖による自然浄化が行われます。

バクテリアとは何か

**自然の浄化システムにはバクテリアが
大きな役割を担っています。**

水質を左右するのはバクテリア

　バクテリアは、空気中にも地中にも
存在します。バクテリアとは原核生物
といわれる細菌で、たとえばメダカの
水槽内の水質を左右するのは、バクテ
リアの活動です。

　メダカの糞尿や食べ残しのエサなど
が水槽内に生じると、アンモニアが発
生します。アンモニアは水中の電離し
ている水素イオンと結合してアンモニ
ウムイオンとなり、アンモニウムイオ
ンはメダカにとって有害な物質なので
すが、バクテリアは亜硝酸イオンへと
分解して有毒性を減らすのです。

▲バクテリアによって、環境が整えられ動植物と
の相互作用によって自然は維持されています。

　さらにバクテリアは亜硝酸イオンを
分解し、硝酸イオンに変えます。アン
モニウムイオンや亜硝酸イオンに比べ
ると、硝酸イオンは比較的無害で、メ
ダカは安全な水質環境を保つことがで
きますが、硝酸イオンも蓄積すればそ
の他の毒素と同じように有害となりま
す。

善玉と悪玉のバランスが大事

　バクテリアには良いバクテリア（善
玉）と悪いバクテリア（悪玉）があり
ます。

　そして、メダカの棲む水槽作りでは、
善玉優位の環境を整えることが自然浄
化水槽のポイントになります。ただ、
重要なのは悪玉もそこに存在させると
いうことです。

　良いものだけを充満させると抵抗力
がなくなり、メダカは弱くなり、やが
て病気にかかります。海・川・池など
の自然界は、このバランスが保たれて
いるということなのです。

　ですから、自然浄化水槽では科学的

▲バクテリアによる自然浄化環境、メダカの数、そして水草と光（LED）のバランスが大事。

に効果が解明されている「好気性バクテリア」と「嫌気性バクテリア」を使い（46〜51ページ参照）、疑似的に水槽内に自然環境を作り上げることを目指します。

 「生き物」の心地良さとは？

たとえば、毎日水換えを行うこと（無菌状態）で、植物の栄養剤（窒素・リン酸・カリ）を添加しながら、同様の環境を維持していくことは可能です。けれども、ここで考えたいのは、見た目は同じような環境が達成できたとしても「生き物」の心地良さは再現できないということです。

自然浄化水槽の作り方については後のページで詳しく説明しますが、生き物が生息して育つ水草や自然環境が作り上げる景色は、継続性の中にありま

す。反面、添加剤や水換えを行いながら水槽内の環境を維持していく方法は、維持費が大きい上に不自然でもあり、メダカにとっての生体のストレスも大きなものになります。

自然環境を水槽内に作る

私はメダカにとって心地の良い環境、つまりは「自然環境を水槽内に作る」ことを第一に考えて研究し、力を注いできました。

そうしてでき上がった水槽を見た方は、みなさんが口をそろえて「こんな美しい景観の水槽は見たことがない」と言っていただけるようになりました。

メダカが喜ぶ環境は、水草が美しく発育します。それは、誰でも作ることが可能なのです。

02 自然環境とバクテリア

好気性バクテリアと嫌気性バクテリア

**好気性バクテリアと嫌気性バクテリアの
性質と分解のしくみを説明します。**

アンモニアから硝酸塩へ

好気性バクテリアは、水槽内のスポンジや床砂などに棲みつく、水をきれいにしてくれる微生物です。大気中に浮遊しているバクテリアが水槽の中に入って繁殖します。

好気性バクテリアは酸素濃度の高いところに生息し、魚のフンやエサの食べ残しなどからアンモニアが発生し水素イオンと結合してアンモニウムイオンとして水中を浮遊します。

アンモニウムイオンは亜硝酸イオンに、そして亜硝酸イオンも好気性バクテリアがさらに毒性の低い硝酸イオンへと分解します。ただし、この硝酸イオンも濃度が高くなり過ぎるとメダカにとっては危険です。硝酸イオンが溜まらないうちに、水換えを行うことが必要になるわけです。

嫌気性バクテリアの存在が大事

ここで大事なのが、嫌気性バクテリ

バクテリア分解のしくみ

好気性バクテリア（硝酸菌）の分解

有機物 →（分解）→ アンモニウムイオン →（分解）→ 亜硝酸イオン →（分解）→ 硝酸イオン → 窒素

嫌気性バクテリアの分解

硝酸イオン →（分解）→ 窒素

最終的に硝酸イオンは嫌気性バクテリアの脱窒により窒素に還元されます。
嫌気性バクテリアがないと硝酸イオンは蓄積されますので、水換えを行います。

アの存在です。この嫌気性バクテリアは、脱窒という働きによって硝酸イオンを窒素に還元し、空気中に放出することができます。

窒素還元は嫌気性バクテリアによってのみ可能です。つまり、水槽中に嫌気性バクテリアが存在すれば、硝酸イオンを窒素還元し無害な水質環境を作り出すことが理論上可能ということ。その結果、水換えをしなくてもメダカにとって無害な環境にできるのです。

 水換えを必要としない水槽へ

しかし、好気性バクテリアと嫌気性バクテリアはそれぞれ生息条件が異な

ります。好気性バクテリアが酸素濃度の高い場所が好きなのに対して、嫌気性バクテリアは酸素濃度の低い場所を好むという正反対なもの。そのため、多くの水槽は、好気性バクテリアだけが棲み続けている場合が多く、水換えの必要な水槽となっているのです。

そこで私が考案した、上の層に好気性バクテリア、下の層に嫌気性バクテリアを棲みつかせる浄化システムを水槽の中に作り上げれば、2つのバクテリアの相互作用によって自然界と同じような浄化環境を保ち続けることが可能になります。水換えを必要としない、自然環境に準じた飼育水槽にすることができるわけです。

▶メダカの鱗の艶やヒレの美しさから自然浄化水槽の水質の良さがうかがえます。

◀バクテリアの棲みついたガラス面などを、塩素を含む水道水で洗ってしまうと、バクテリアが死んでしまいます。その場合は、塩素を中和した水で軽くすすぐのが正しい洗い方です。

好気性バクテリア 〜納豆菌〜

納豆

▲源命液を作る上で必要な納豆。このネバネバを使います。

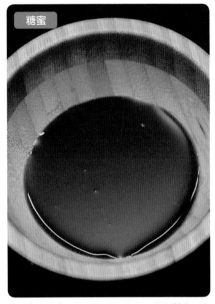

糖蜜

▲源命液生成のためのバクテリアのエサが糖分です。糖蜜でなく三温糖や通常の砂糖でも問題ありません。

納豆菌のはたらきと特徴は？

好気性バクテリアとは、酸素が必要なバクテリアのことです。その中の一つ、納豆を作る際に必要な菌が「納豆菌」です。生き物が病気になるのを防ぎ、細菌のバランスを整え、消化や吸収を助けるはたらきがあります。

排泄物の分解力が高く、飼育水の嫌な臭いも軽減。カビを抑制して亜硝酸を分解し、エサの食べ残しに含まれるタンパク質やでんぷん、脂肪分も分解します。また、他の菌を殺傷するはたらきもあります。

納豆菌は水中の酸素でも生存でき、これを利用して汚水をきれいにしたり、嫌な臭いを取るなど水を浄化することができます。

もともと自然界に存在している菌であり、納豆を作る菌ですから口に入っても問題ありません。水槽で使ったあと、下水に流しても害がないのもメリットの一つで、環境にとって安全性の高い浄化細菌といえます。

メダカの生態

自然環境とバクテリア

室内での飼育方法

屋外での飼育方法

飼育に役立つ鑑賞水草

めだか盆栽の魅力

青木式ミジンコ連続培養

メダカの繁殖

遺伝のしくみ

ワンポイントQ&A

通性嫌気性バクテリア 〜乳酸菌〜

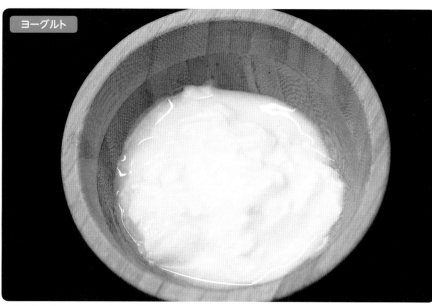

ヨーグルト

▲乳酸菌を使うのでヨーグルトを使います。砂糖を別で添加するため、ここでは無糖のヨーグルトを用意します。

乳酸菌のはたらきと特徴は？

　嫌気とは、酸素の少ない状態を指します。通性嫌気性バクテリアとは、酸素があってもなくても活躍するバクテリアのこと。嫌気性バクテリアは、酸素を嫌うバクテリアのことをいいます。

　乳酸菌は嫌気の状態で乳酸を多く生成しますが、酸素があっても活動します。悪性菌に対する攻撃力を備え、雑菌を抑えるとともに、嫌な臭いも抑えてくれます。乳酸菌が増殖すると、pHが下がって雑菌が抑制され、他の菌がはたらきやすくなるのです。

　乳酸菌は乳酸などの有機物を産出し、乳酸は強力な抗菌力を持つため、強い酸を出すことで病原菌の繁殖を抑えます。納豆菌との相性が非常に良く、納豆菌には乳酸菌を増やし、安定させるはたらきがあります。納豆菌が産生する代謝物が乳酸菌の増殖を促す効果があるためです。

通性嫌気性バクテリア ～酵母菌～

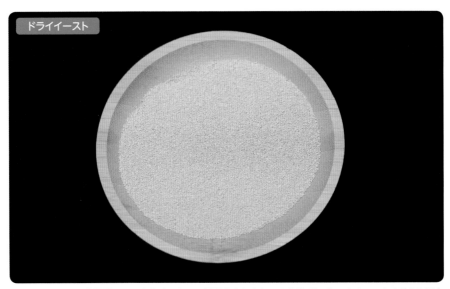

ドライイースト

▲ドライイーストは乾燥酵母という意味であり、製品化されたものは菌数が一定のため、これを使うと源命液を作る際のガス抜きのタイミングがつかめます。

 酵母菌のはたらきと特徴は？

通性嫌気性バクテリアである酵母菌は、酸素の有無にそれほど左右されることなく発育していける菌です。酸素がなければ発酵によってエネルギーを獲得し、増殖していくことができるからです。酵母菌は納豆や乳酸菌との相乗効果を生み出します。

有機物を分解し、有機酸やアミノ酸などを生成します。それらは乳酸菌などの他の微生物のエサになります。

また酵母菌が死ぬことで、アミノ酸や核酸、ミネラル、ビタミンなどを放出し、有機物の腐敗を防ぎます。源命液を作る過程で沈殿する酵母菌の死骸（オリ）は栄養価の高い副産物であり植物の肥料としても役立ちます。

酵母菌は発酵とともに乳酸菌や納豆菌が増殖するためのエサを作り出し、pH は次第に酸性に傾いていきます。

pH が 4 以下になると発酵が終わり源命液は完成となりますが、pH が下がることにより悪玉菌も抑制されるため源命液はとても安全性の高い菌となります。

嫌気性バクテリア ～光合成細菌～

光合成細菌の培養水槽

▲命水液（光合成細菌）を培養する際は、水槽内が無菌状態となるように、しっかりと雑菌処理をしてから作ることがポイント。

 光合成細菌のはたらきと特徴は？

　光合成細菌は水質浄化作用が高い嫌気性バクテリアで、魚の排泄物やエサの食べ残しなどの分解に顕著な効果を発揮します。

　水質の悪化は、腐敗して酸化した悪玉菌が主な原因となります。光合成細菌は、有害な悪玉菌を撃退して善玉菌を増やし、水の酸化を抑えて魚のフンなどを分解します。さらにアミノ酸などを生成することから、メダカの健全な成長のためにも有用性の高いバクテ

リアといえます。

　嫌気性バクテリアは酸素を嫌うため、エアレーションのかかっている状態では効果が下がってしまいます。そのため水槽では、ソイルを2層に敷き、下の層に光合成細菌を敷き詰めるようにすることが必要です（96ページ参照）。下の層は酸素のない状態になります。上の層に植えた水草の根が下の層に到達すると、根に沿って増殖した光合成細菌が水中にしみ出ていくことになるわけです。

自然のバクテリアのはたらき

自然界の還元のしくみ、特に窒素の循環が分かることで
この後の浄化システムの理解につながります。

①窒素循環の全体像

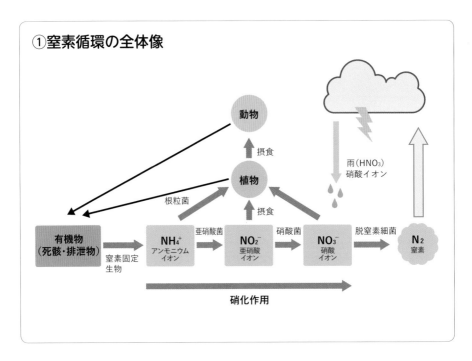

　窒素循環の全体像です。死骸排泄物などの有機物が、バクテリア（本書では源命液や命水液）によってアンモニア（水中ではアンモニウムイオン）に変換されます。アンモニウムイオンは硝化作用を経て硝酸イオンを生成します。硝酸イオンは窒素同化により植物体内でアミノ酸を生成します。また硝酸イオンは脱窒素細菌（命水液）によって窒素へ還元され空気中に戻っていきます。植物は動物により摂食され、その動物はフンをし、生き物はやがて死骸となりバクテリアによってアンモニアに分解されます。このサイクルを窒素循環といいます。

②窒素固定

大気中の窒素

空中放電

動物

根粒菌によって窒素同化

NH_4^+
アンモニウムイオン

有機物（死骸・排泄物）

バクテリア

NH_4^+
アンモニウムイオン

硝酸菌・亜硝酸菌による硝化作用

NO_3^-
硝酸イオン

空中放電や硝化作用によって生成された硝酸イオンは植物に吸収（窒素同化）されます

　窒素固定には生物によるものと、雷などの空中放電による２種類があります。空気中の窒素は空中放電により酸素（O_2）と化合して、各種の一酸化窒素（NO）や二酸化窒素（NO_2）などになり、雨によって硝酸（HNO_3）となって地中に降り注ぎます。土の中にある原核生物（本書では窒素固定を行う命水液）は空気中の窒素を体内に取り込み、ニトロゲナーゼという酵素を使って窒素をアンモニアに変換します。窒素固定をひと言でいうと、空気中の窒素が空中放電や原核生物によってアンモニアに合成されるしくみです。

　窒素固定以外でアンモニアが生成されるしくみは、動物による糞尿、バクテリアによって死骸などの有機物が分解されアンモニアとなることです。アンモニアは水中で水素イオンと結合してアンモニウムイオンという状態で浮遊しています。

③窒素同化

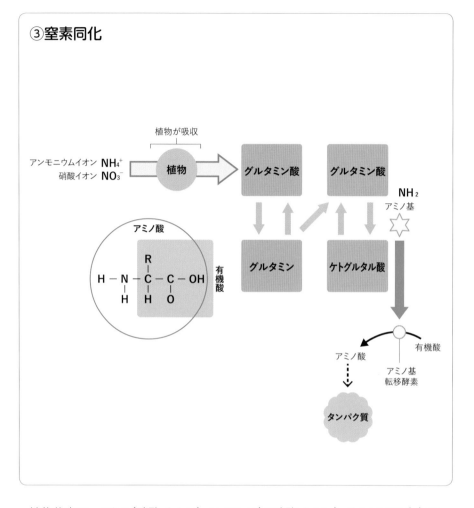

　植物体内で、NO_3^-（硝酸イオン）は NO_2^-（亜硝酸イオン）そして NH_4^+（アンモニウムイオン）へ還元されます。アンモニウムはグルタミン酸と結合し、グルタミンになり、グルタミンは体内にあるケトグルタル酸と結合して２つのグルタミン酸になり、一つは再度グルタミンに戻り、もう一方はグルタル酸へ戻りますが、戻る過程でアミノ基という官能基アミノ基 NH_2 が生成されます。生成されたアミノ基光合成によってできた有機酸と、アミノ基転移酵素によって触媒され、化学反応を起こしてアミノ酸を合成します。アミノ酸は細胞内での翻訳（タンパク質合成反応）によりタンパク質となるのです。

④光合成

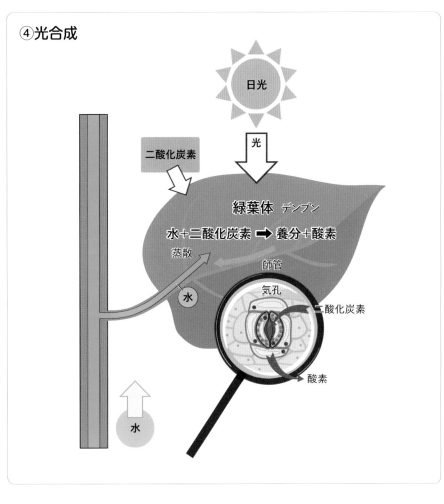

　光合成をひと言でいうと、「光によって環境中の物質を変化させるもので、根から吸い上げた水を分解し酸素を、そして葉の気孔から吸収した二酸化炭素の分解により有機物固定と酸素を出すという反応」です。

　光合成によってでき上がった有機物グルコースという物質は解糖系で代謝されます。その途中で有機酸ができ、アミノ基転移酵素によってアミノ基と化学反応し、アミノ酸ができ上ります。アミノ酸とは、DNA・RNA核酸、ATP、クロロフィル、タンパク質です。これらは、我々生物に必要な栄養素であり、植物によって生成されていることが分ります。

青木式自然浄化システムとは

**疑似的に自然の窒素循環を作り、窒素同化と脱窒のバランスにより
pH も弱酸性 〜 アルカリ性の中で変化をする水槽です。**

水槽の中で起きていること 〜窒素循環〜

　バクテリアのはたらきについて説明してきましたが、ここで「水槽の中の状態」について、もう少し詳しく説明してみましょう。

　有機物とは炭素を含んでいる物質のことをいい、水槽内での物質で挙げると、フンやエサの食べ残し、死骸などです。水槽内でメダカにエサを与えると、食べ残しやフンが水槽内に蓄積します。その有機物は、有機微生物によってアンモニアという物質になります。

　そのアンモニアは水槽内の窒素と結合し、アンモニウムイオンという形で水槽内を浮遊します。アンモニウムイオンは毒性が高いため、バクテリアを使用しない水槽では水換えが必要になり、この毒素を分解してくれるのがバクテリアという細菌になるわけです。

硝酸イオンに変換される「硝化作用」

　水槽内に化学合成細菌のバクテリア

を投入すると、アンモニウムイオンは亜硝酸菌というバクテリアによって亜硝酸イオンへと変換され、亜硝酸イオンは硝酸菌によって硝酸イオンに変換されます。

　アンモニウムイオンが硝酸イオンまで変換される流れを「硝化作用」といい、硝酸イオンの形で植物に取り込まれます。これを「窒素同化」といいます。

　ちなみに本書では、「善玉土着菌群・納豆菌・乳酸菌・酵母菌」の相互作用によってはたらく化学合成細菌を使い、科学的に毒素を分解していく方法を説明していきます。

水草はどうなっているのか? 〜窒素同化〜

　植物はアンモニウムイオンと硝酸塩イオンを取り込みますが、では水槽内の水草について見てみましょう。

　微量のアンモニウムイオンと多くの硝酸塩イオンを取り込んだ植物(水草)は、体内で硝酸塩イオン→亜硝酸イオン→アンモニウムイオンへと還元して

▲自然環境を科学的に作ります。

いきます。

　アンモニウムイオンはアミノ酸を生成するために、細胞内にあるグルタミン酸と結合してグルタミンを作り、グルタミンはさらに細胞内にあるケトグルタル酸と結合してグルタミン酸を2つ生成します。

　2つのグルタミン酸の一つはグルタミンに再度変換され、この変換を繰り返し行っていくわけです。この過程でグルタミン酸がケトグルタル酸に戻るときにアミノ基が生成されます。同時に植物は光合成をしてグルコースを生成し、グルコースは呼吸を経て有機酸を作ります。この有機酸とアミノ基が結合することによって、アミノ酸ができ上るのです。

　アミノ酸は人間もそうですが、生き

物にとって必須の栄養素です。光合成は二酸化炭素を吸って酸素を出すイメージが強いと思いますが、有機酸生成のためのグルコースを作るという重要なはたらきがあるのです。

 「脱窒」について

　硝酸塩から酸素を取り出し、窒素へ変換させるのが脱窒素細菌です。硝酸塩は水に溶けやすく、自然界では地中深くにたまっていく性質があります。

　メダカの飼育水槽でなぜ「脱窒」を実現したいのかというと、硝酸塩の蓄積を抑えたいからです。硝酸塩は水草に吸収されますが、すべてではありません。植物が水槽内になければ脱窒環境が作れず、硝酸塩は蓄積し、バクテリアを使っても水換えが必要になります。

　ただ、水槽内で脱窒環境を科学的に作るのは至難の業のため、私は自然界のよう嫌気層と好気層の2層を作ります。そして嫌気性バクテリアを日々、少しずつ添加する方法を取っています。

　この管理によって、水換えをほとんどすることなく良好な水質を保てる水槽を作り上げているのです。3年以上水換えを行わずに経過している水槽を実際にいくつも作っていますので、読者の皆さんもぜひ参考にしてください。

バクテリア液の作り方

〜複合性培養バクテリア「源命液」の作り方〜

　私が推奨する、複合性培養バクテリア「源命液」の作り方を紹介します。源命液は、水槽内の安定を保つ有益なバクテリアである納豆菌・乳酸菌・善玉土着菌群を含有したオリジナルのバクテリア液です。厳密には好気性・通性嫌気性・嫌気性の混合バクテリア液であり、窒素固定細菌アゾトバクターを含む化学合成細菌です。

◎作り方

（1）納豆のネバネバを水に溶かし、豆は取り除きます。残りの素材を加え、材料を混ぜ合わせたらペットボトルに入れ、30〜40度まで加温します。（加温には電気カーペットやヒーターを使用するのがおすすめ）❶〜❺

（2）加温をすると発酵が始まり、ペットボトルが膨れ上がります。そこからガス抜きを行います。最初は6時間程度で一度ペットボトルの蓋をゆっくりと空け、隙間からゆっくりガスを抜きます。初日は2回ほど、翌日・翌々日もペットボトルのガスがいっぱいになったらガス抜きを行い、3〜4日で発酵が終わります。pHの数値を測り、3.7以下になっていれば発酵は完了と判断できます。❻〜❽

（3）発酵が終わりそのままにしておくと、ペットボトルの下部にオリが沈殿し分離しますので、スポイドでオリを吸い出します。❾〜❿

（4）バクテリアは、ペットボトル内で分離した上澄み液のほうになります。納豆菌・乳酸菌・酵母菌などの菌が豊富に生きているバクテリア液です。⓫

事前に用意するもの

● 1ℓのペットボトル容器

●カルキを抜いた水を800㎖

●納豆菌として食用の納豆の粘液
　（納豆を手で触り、手についたネバネバを水に溶かす）

●乳酸菌として無糖のヨーグルト50g

●酵母菌としてドライイースト4g

●糖蜜60g（糖分がバクテリアのエサなので砂糖や三温糖でも可）

① 納豆

▲納豆のネバネバを使用します。

② ドライイーストを加える

▲ドライイーストは発酵力の強い酵母菌。

③ 糖蜜を加える

▲糖分なら何でもいいのですが、ミネラル分の多い糖蜜を使用。

④ 材料全てを混ぜる

▲よく攪拌してください。

源命液は複合菌のバクテリア

　納豆菌は安全性の高い浄化細菌であり、汚水や下水道を浄化するためにも使われている菌です。

　乳酸菌は通性嫌気性バクテリアであり、酸素の少ない場所で乳酸を生成し、酸素があるところでも雑菌の除去に活躍します。乳酸は強い酸性なので病原菌を抑制します。

　そして、酵母菌も通性嫌気性バクテリアです。有機物分解能力があり、微生物のエサとなる有機酸やアミノ酸を生成します。

　この３つが相乗効果ではたらくのがバクテリア「源命液」です。源命液は、バクテリアがはたらく際に酸素を使いますので、使う際には必ずエアレーションを入れて水槽内に酸素を取りこまなければいけません。エアレーションがないと、水槽内で泳いでいる魚が酸欠になってしまいます。

完成後には常温で保存を

　完成した源命液は常温で保存でき、約１年間はその効果を発揮します。太陽が当たるところに置いておくと発酵が進み、ガス抜きがまた必要になるので注意が必要です。なるべく日陰で常温保存しましょう。

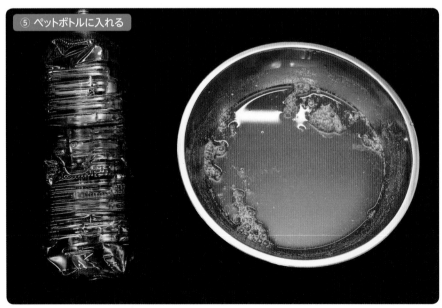

⑤ ペットボトルに入れる

▲混ぜ合わせた材料をペットボトル半分ぐらいまで入れます。発酵をするため目いっぱい入れると危険です。

⑥ ヒーターを使ってもよい

▲ 40度ぐらいに温めると発酵が早く進みます。

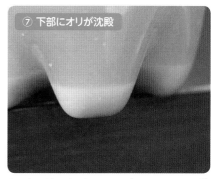

⑦ 下部にオリが沈殿

▲ 下部に沈殿するものはオリ（バクテリアの死骸）です。

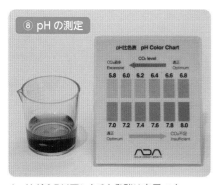

⑧ pHの測定

▲ pHが3.7以下になると発酵は完了です。

⑨ オリを吸い出す

▲ 液体と分離されたオリを吸い出します。

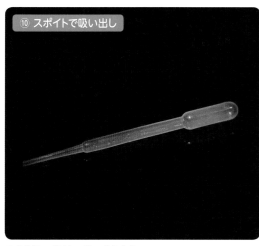

⑩ スポイトで吸い出し

▲ オリはスポイトで吸い出します。

⑪ 完成品

▲ 完成品

複合性バクテリア「源命液」の使用方法

源命液とは納豆菌・乳酸菌・酵母菌・善玉土着菌を使って複合培養したバクテリアです。

基本的な使用方法は?

水槽の立ち上げの際、100ℓ ごとに、源命液 20㎖ を投入します。

最初の1週間は2日おきに 10㎖ を投入します。その際、規定量より多めに投入しても害はまったくありませんが、好気性細菌を含むため、多く入れ過ぎると酸素不足を起こしてしまいます。そのため、少しずつ投入することを心掛けるようにしましょう。

また、複合性培養バクテリアの源命液を使用するときは、エアレーションを使うことが欠かせません。それぞれの菌が増殖する際に、酸素を必要とするからです。エアレーションを使用せずに源命液を利用していくと、やがて水槽内が酸欠状態になることがありますから注意してください。

気泡が現れれば定着の証拠

源命液を水槽に投入すると、糖蜜の影響で水が少し茶色っぽくなります。しかし、これは数日で透明になります

から心配はいりません。水面の縁に細かい泡が現れていれば、バクテリアが効いてきて定着しつつある状態です。バクテリアも生き物で、呼吸をしているため、こうした気泡ができるのです。

気泡ができる状態になれば、源命液の投入は1～2週間に一度、ごく少量の 10㎖ 以下の量で充分です。

そして、水槽の状態がよくても、亜硝酸の濃度は定期的に測るようにしましょう。濃度が高く計測されたときには、数日間は亜硝酸濃度を測りながら、分解が進むまで毎日源命液を投入していきます。

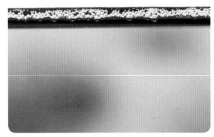

▲複合性培養バクテリアの活性が上がると菌の呼吸によって生じる細かい泡が水表に現れます。

ディスペンサーの使用

▲水槽の濁りがあるとき、水槽立ち上げのとき、エサをあげるタイミングでワンプッシュ。30ℓに対して10㎖ぐらいのイメージで。気泡が確認されバクテリアがはたらき始めたら使用をストップしましょう。

エアレーションをかける

▲全体の水が攪拌（かくはん）されるように。

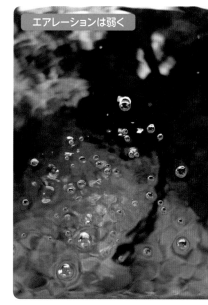

エアレーションは弱く

▲強さよりも全体の水がよく回るように意識してください。

バクテリア液の作り方

～嫌気性バクテリア(光合成細菌)「命水液」の作り方～

 ### 脱窒菌である光合成細菌

脱窒菌である光合成細菌は「非共生的窒素固定菌」といわれる嫌気性バクテリアです。地中にあるバクテリアであり、「脱窒」といって硝酸イオンを窒素に還元できる菌の元となります。

つまり、水槽内に脱窒という環境を作り上げるために必要な菌であり、自然浄化水槽を作る際には、なくてはならないものです。悪玉菌を撃退し、善玉菌を増殖させる効果とともに、水の酸化を防ぎ、悪臭を抑えるはたらきがあります。

 ### 光合成細菌の継代培養

右下の材料を混ぜ合わせ、水に入れて攪拌し、水面をビニールなどで覆って嫌気状態にします。ヒーターなどで水温を 35 度くらいに保ち、よく日の当たるところに置いておきます。

ガラス水槽で培養する場合は、数日するとガラス面が真っ黒になる場合がありますが、黒くなるのは鉄分の影響

ですからまったく問題はありません。その後、2週間ほどで赤黒く変化していきます。

この嫌気性バクテリア(光合成細菌)を初期培養したものが、私が作ったオリジナル商品である「命水液」です。市販の継代培養された光合成細菌が販売されていますが、私が作り上げる初代培養のものとは効果も菌の活性も違うと思います。ここで紹介する培養方法は私の作る菌の継代培養方法です。

事前に用意するもの

・20ℓ入りの透明のポリ容器

・カルキを抜いた水 18ℓ

・水面を覆うビニール

培養のために必要な材料

●初代培養光合成細菌 500㎖ ほど

●海藻の煮汁 500㎖(海藻粉末資材500㎖もしくは粉末資材20g でもよい)

◀命水液（光合成細菌）の継代培養になります。光合成細菌を購入して培養していきます。コツをつかむと簡単。

 嫌気性バクテリア（光合成細菌）の培養方法

①最初に培養水槽を隅々までよく洗い、滅菌します。

②培養水槽にカルキを抜いたきれいな水を入れた後、種菌となる光合成細菌と、光合成細菌が高濃度になるためのエサとして出汁（海藻の煮汁）を注ぎ入れます。（出汁を作るのが面倒な場合は海藻粉末資材で代用可能）なお、完成した光合成細菌にも週に10ｇ程度入れてください。

③日光の当たる場所に水槽を置き、ビニールで水面を覆って嫌気状態にします。水温はヒーターなどを使って35度に保ちます。初日は乳白色ににごりますが、数日経つと水が徐々にピンク色に変わっていきます。

④培養期間約15日で水はピンクから赤く変わり、光合成細菌の培養が完成します。

＊キトサンを入れると培養時に入れた酸に溶け込み、より濃度が上がります。

出汁をつくる

海藻（コンブなど）　鰹節　水

▲鰹節や海藻などを入れて煮込んでいきます。

海藻粉末資材

◀粉末資材で代用も可能ですが高額です。

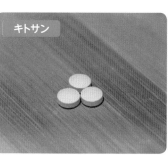

キトサン

◀菌数を増やしたいときに使用します。

光合成細菌の培養

培養するときの環境は?

光合成細菌は高温に強いため、1日中よく日が当たるところに置いておきます。空気は少しくらいあっても良いですが、そもそも光合成細菌は酸素を嫌う（嫌気性）菌ですから、水面はビニール袋で覆って空気を遮断します。自然温としては、5～10月の間が作りやすい環境です。

出汁を加えると培養速度が上がる

培養期間は15日ほどですが、出汁（海藻の煮汁）を加えることで、より早く培養が進みます。出汁が光合成細菌のエサとなり、培養速度を上げるからです。出汁には、鰹節や海藻をゆでた煮汁（前ページ参照）が有効で、命水液を40ℓほど作る場合には、1～2ℓの煮汁を入れて培養を始めると良いでしょう。

また、出汁を作るのが面倒なときには、海藻粉末資材でも代用が可能です。こちらも煮汁と同じように培養速度を上げることにつながり、40ℓ培養のときには50～100gほどを加えます。

本書で紹介している命水液は、この私が初代培養した光合成細菌です。高濃度光合成細菌の培養は、繰り返すごとに上手になっていきますので、ぜひ試してみてください。

命水液の作り方

▲水槽をよく洗いカルキを抜きます。

▲元となる菌と海藻煮汁を入れます。

▲ヒーターを入れます。（夏場は必要ありません）

▲嫌気状態にするために、水の表面にビニールを敷き詰めます。ポイントはしっかり空気を遮断すること。

メダカの生態

自然環境とバクテリア

室内での飼育方法

屋外での飼育方法

飼育に役立つ鑑賞水草

めだか盆栽の魅力

青木式ミジンコ連続培養

メダカの繁殖

遺伝のしくみ

ワンポイントQ&A

冬場に培養するときの注意

培養期間は5〜10月の自然温では15日程度ですが、冬場の寒い時期になると、1カ月ほどはかかります。光合成細菌は高温に強いのですが、寒い時期は逆に苦手です。そのため、冬場に光合成細菌を培養するときには、ヒーターを入れるなどして30度以上（30〜35度）に設定することが必要です。

晴れた日が多いと培養の進み具合も早くなり、培養期間が経過していくと、液体の色がピンクから赤に変わっていきます。赤く変化するのは培養が進んでいる証拠で、真っ赤に変色し、硫黄臭がしてきたら完成です。

▲光の当たるところにおいて2週間ほど待ちます。

▲紅色細菌なので増えてくると紅色に色づいてきます。

完成

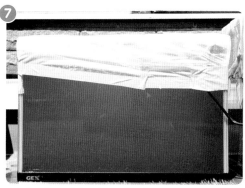

▲紅色になってから、さらに数日待ってください。

▲ビニール袋を開けたときに、強い硫黄臭がしていたら完成です。ビンなどに入れて常温で保管しましょう。

バクテリア液を入れる飼育水

複合性培養バクテリアは、硝化作用を作り出すだけでなく
臭いや有機物も分解するので透明度のある水槽ができ上がります。

 バクテリアをうまく増やしていく

複合性バクテリア「源命液」だけでも、水槽内は水換えがいらないほど毒素の分解力は高まります。逆に、多く投入し過ぎるとバクテリアが死に、白濁が起こりますので注意が必要です。ただよほど過剰でなければ、そのにごりも2〜3日で透明になっていきますから安心してください。

水槽内では、メダカのフンやエサの食べ残しをバクテリアが分解してくれるようになります。バクテリアをうまく増やしていくことで水質を安定さ

せ、メダカにとっての良好な生育環境を維持していきましょう。

 飼育水で注意すべきは?

源命液は生きたバクテリアが活性化した状態で入っており、水槽に入れたあとはすぐに活動を始めます。そのため、飼育水は完全にカルキの抜けたものを使用する必要があります。

水道水に含まれるカルキは、有益なバクテリアを分解してしまうデメリットをもたらします。魚が死なないカルキ濃度でも、バクテリアは死んでしま

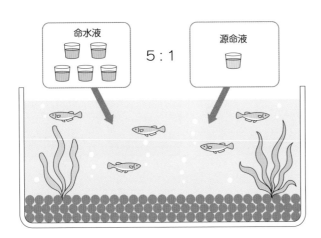

▶源命液によって、透明度の高い美しい水槽ができ上がります。
自然界では、空気中に舞うバクテリアが水の中に溶け込みますが、室内では人為的に投入しないと難しいです。
命水液と源命液を投与する割合は、5:1がおおよその目安です。

好気性バクテリアと嫌気性バクテリアのはたらき

◀源命液で酸素が少なくなると、命水液が効果を強め、相乗効果が期待できます。

うのです。バクテリアにとってカルキは大敵ですから、水道水は日光の当たるところに最低でも6時間以上置いて、十分にカルキ抜きをしてください。

ただ、最近の水道水は二酸化塩素などが使用され、1日たっても殺菌力が残る場合があるようです。安全にカルキを除去するには、2〜3日かけてしっかりとカルキを飛ばした汲み置き水を使用することをおすすめします。

 ### 光合成細菌（命水液）と源命液の組み合わせ

命水液と源命液を投与する割合は、5：1がおおよその目安です。ただ、それほど厳密に割合にこだわる必要はありません。源命液はアンモニウムイオンを亜硝酸イオン、さらに硝酸イオンへと分解します。硝酸イオンの濃度

が上がることを防ぐために、嫌気性バクテリアである命水液を足して、硝酸イオンを窒素に還元します。このように、嫌気性バクテリアと複合性バクテリアが相まって高い浄化作用を発揮し、水換えが必要なくなります。2つのバクテリアによって、水槽内にある毒素を常に低く安定させます。

 ### ソイルを2層にする意味

飼育水槽を作る際には、ソイルを2層にして、その上層に源命液を、その下層に命水液を染みわたるように注ぎ込みます。地球上の土壌や川底、海底は大きく分けると好気層と嫌気層に大別されます。嫌気層の上に好気層があるのが自然界で、水槽もそれと同じ状況を作るわけです。

69

室内ではLEDライトが
日光の代わり

　植物を育てる上で需要なものは？という疑問に、多くの方が「日光」と答えると思います。

　室内で育成する際は、太陽光を十分に確保することが難しいため、LEDを日光の代わりとして設置します。LEDは蛍光灯に比べて高額ですが、発光ダイオードを使い、様々な色を表現できるだけでなく、消費電力も少ないためライトの寿命が長いメリットがあります。

　太陽の光は波長によって、人の目には異なった色を持った光として認識されます。日本では波長の短い側から紫・青・水色・緑・黄・橙・赤で俗に七色と言われますが、この分類は文化によって違いがあるそうです。

　動植物にとって日光は重要であり、成長に必須なものです。植物育成には赤と青の波長をもつ光が植物に吸収され、光合成に使われているそうです。そのため、植物育成用のLEDには赤と青のライトがついています。

　アクアリウム用のライトを見ると白い光をしていると思います。この白い光は「赤・青・緑」の光の三原色を同時に発光させて表現しているので、植物である水草の育成は可能ですが、アクアリウムでも水草をレイアウトにして楽しむ場合には、植物育成に特化したLEDを選ぶことをおすすめします。

第 **3** 章

室内での飼育方法

メダカを飼う前の準備
〜初心者編（水換え方式）

 ## 気をつけるべきは水質

　メダカは日本に生息する、丈夫な魚です。熱帯魚などの外来魚に比べて飼育は容易で、それほど手間も費用もかかりません。ただ、飼育の方法を間違えたり、正しい知識がなかったために突然全滅してしまうこともあります。

　まず、気をつけるべきなのは水質です。水質悪化の主たる原因は、フンとエサの食べ残しです。これらは毒素となり、水槽の中に充満すればメダカはすぐに死んでしまいます。こうした事故を起こさないためにも、メダカを飼う前に飼育方法をしっかりと学びましょう。

 ## 岩塩を入れるのがおすすめ

　ちなみに、私が作る水槽に注ぐ水には、必ず岩塩を少量入れます。日本の魚なので、カルキを抜いた水道水でメダカは順応しますが、実際には軟水〜中程度の硬水でミネラル分を多く含んだ含んだ水が適していますので、岩塩

を少量入れると良いのです。これによってミネラル分が添加でき、塩による殺菌効果も得られるため、おすすめです。そして殺菌作用が得られるという役割を担ってくれます。

 ## 最後まで愛情をもって育てよう

　メダカを飼い始めたら、最後まで責任を持って、正しい飼育方法で育てていくのが飼い主の責任です。メダカは小さくても、言うまでもなく生き物なのです。いっときの気分で安易に飼うことは避け、最後まで愛情をもって育てていきましょう。

メダカを飼う前の心構え
●メダカは毎日愛情をもって育てる
●メダカのエサやりや水換えの手間を惜しまない
●メダカのエサや飼育道具には適切にお金をかける
●メダカの飼育のために正しい知識を身につける
●メダカは小さくても生き物。世話をする自信がなければ飼わない

メダカ飼育用品（初心者向け）

水　槽（1ℓに1匹が目安）
底　床（赤玉土、砂利、ソイルなど）
水　草（マツモ、アマゾンフロッグビットなど）
メダカ（好きなメダカを用意）
エアレーション（水槽内の水が回らない程度の緩やかなものが望ましい）
エ　サ（細かなエサほど望ましい）
照　明（LEDライトは高額ですが、紫外線は生き物にとって大事です）
ろ過フィルター（水槽内のゴミ掃除ができます）
カルキ抜き水道水
岩　塩

水1ℓに対してメダカは1匹

　水槽を用意して、メダカ1匹に対して1ℓくらいをイメージしてください。水道水には塩素という消毒薬が含まれていて、私たち人間には無害ですが、体の小さなメダカには有害です。

　まずはカルキを抜き、塩素を分解した水を使用します。カルキ抜きがない場合は日光に当たる場所に水道の水を置いて1日待ちましょう。なお、井戸水や川の水は雑菌が多いため使用しないでください。

メダカが多過ぎると酸欠に

　メダカに対して水の量が多ければ、水質の劣化や酸欠による危険性を減らすことができます。病気予防のためと、水にミネラル分を添加する目的で岩塩を少量投入します。過密飼育は酸欠状態になるだけでなく、フンなどの毒素が多く出るために水質の劣化が早く、一夜にして全滅なんてこともあり得ます。飼育するメダカの匹数に応じて水槽を選びましょう。

どの季節から飼えばいい？

屋内で飼育する場合、秋冬に水温調整をすれば、ほぼ1年を通してメダカを鑑賞できます。ただし初心者は春から夏の、水温が15度以上の時期に飼い始めるのがおすすめです。

水槽はどこに置けばいい？

水槽は室内の窓際など、日光が2〜3時間程度当たる場所に置くようにしましょう。日光が当たるとメダカの生活のリズムが安定し、水草の光合成も進むことで水質の浄化にもつながります。

水槽を置いてはいけないのは？

家電製品の近くだと、誤って感電してしまう危険もゼロではありません。また高い場所も水槽が落下する危険があります。水槽が倒れてしまうような不安定な場所は避けましょう。

水槽のセット

メダカ飼育で最も大切なものは水質です。
過密飼育せず十分なスペースを確保してあげましょう。

 ## 水槽は適切な大きさで

　水槽の大きさは、メダカ1匹につき1ℓの水が目安です。1ℓに対して複数のメダカを飼育する場合はエアレーションが必須となります。少ない数のメダカを飼うのであれば小さな水槽でも構いませんが、金魚鉢のような入り口が狭くなっているものは避けましょう。水の深さよりも水に触れる表面積の大きな入れ物のほうがメダカ飼育には適しています。自然界のメダカは水流の緩やかな浅瀬にいることをイメー

ジしてください。

 ## 「水をつくる」ことが大事

　何度も書いているように、メダカを飼育する上で最も大切なのが「水質」です。メダカにとって良い水質とは、不純物が少なく透明度の高いきれいな水。そして、酸性やアルカリ性に偏らない、中性に近い水質をメダカは好みます（水質の詳細については78ページを参照ください）。

　残ったエサの腐敗やフンによる汚れに注意するのはもちろん、水中の酸素不足や二酸化炭素の増加もメダカに悪影響を与えますから注意が必要です。

サイズ	容積	飼育数
30cmの水槽 （30×19×25cm）	12ℓ	10〜12匹
45cmの水槽 （45×24×30cm）	32ℓ	20〜25匹
60cmの水槽 （60×30×36cm）	65ℓ	45〜50匹

水槽の大きさと飼育数の目安

▲1ℓに対して1匹くらいのイメージで飼育すると、水質変化も緩やかになり、酸欠にもなりません。5ℓなら5匹というより、5ℓに対しては3匹など、水量に対してなるべく少なめのメダカで飼育してあげることがコツです。

水作りのポイント

●日光に当てること
水道水からカルキを抜くために一晩汲み置きし、日中は日光に当てるようにします。

●中和剤（カルキ抜き）を使う
市販の中和剤を使用するのも方法の一つです。中和剤は、新鮮な水に使うようにします。

水槽作りの手順

① 新しい水

▲紫外線によってカルキを分解（光分解）します。

② ソイルを敷く

▲ソイルを敷いてならします。

③ ビニールを敷く

▲水草を植えたりした後に、ビニールを乗せます。

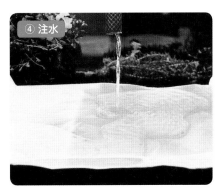

④ 注水

▲ビニールの上からソイルが舞わないように水を
ゆっくり注ぎます。

⑤ ビニール取る

▲ビニールは浮き上がってきますので、ゆっくり
と取り除きます。

⑥ 完成

▲注水を気をつけて行わないと、ソイルが舞って
濁ってしまいます。

▲手順を守り慎重に行えば、即日でこのような水槽が作れます。

どのような底床を使う?

　水槽を購入したら、まずどのような低床を使うのかを考えます。

　水草を植えるのか、浮き草を使うのかでも低床が変わってきます。砂利を使った場合は水草を植えることはできません。

　一つの例として、赤玉土を使い水草はマツモとアマゾンフロッグピットを使用します。

　次に LED ライトを設置します。これは室内飼育においては太陽光の代わりとなり、水草のためだけでなくメダカにとっても必須です。水草をレイアウトする場合は植物育成にも適したLED ライトを使用しましょう。

エアレーションとろ過装置

　その後エアレーションを投入しますが、メダカは水流に弱いので通常販売されている強いエアレーションは、チューブを加工するなど工夫をして弱めに設定してください。エアレーションは水中で酸素が溶け込んでいくのではなく、水槽内の水が循環し水表に触れると酸素が取りこまれるというしくみです。

　次にろ過装置の設置となります。ろ過装置はフンやエサの食べ残しを吸ってスポンジに吸着して、きれいな水を水槽内に戻す装置です。スポンジはゴミで汚れますので、1カ月に一度はスポンジ洗浄を行ってください。

03 室内での飼育方法

水合わせと水質

メダカは環境の変化に敏感です。個体を
水槽にいきなり入れるのではなく、必ず水合わせをしましょう。

引っ越ししたら「水合わせ」を

　購入したメダカをそのまま水槽に入れたりすると、水温とpHの急な変化でショックを起こすこともあります。そのため、水槽内にメダカを入れる際には、必ず「水合わせ」を行います。

　水合わせとは、引っ越し先の水に、メダカを徐々に慣らしていくことです。

　まずは、購入したメダカを袋ごと30分程度水槽に浮かべ、袋内と水槽内の水温を同じにします。

　その後、水槽内の水を少しずつ袋の中に入れて、袋内で水槽の水に慣れさせていきます。袋に水を少量入れたら15分程度待ち、これを2〜3回繰り返しましょう。その後、袋の中のメダカだけを水槽内に投入します。

　袋内の水はどんな雑菌が含まれているか分からないため、水槽内には入れないのが賢明です。そして、メダカを投入した後はしばらく様子を観察してください。pHの違いがあるために、最初は底面にじっとしていますが、環境の変化に順応してくると水槽内を泳ぎ始めます。水槽の中間あたりを泳げば大丈夫です。

水合わせの手順

▲袋の中の水の温度と水槽の温度を合わせるために30分程度浮かべます。

▲袋を開けて水槽の水を少し注ぎ30分程度ならします。これを数回繰り返します。

▲袋の中の生体だけを取り出して水槽に入れます。

メダカが好む水質は?

**メダカに最適なカルキを抜いた水道水と
グリーンウォーターについて説明します。**

 ## 優れている日本の水道水

　メダカはいうまでもなく、きれいな
水質を好みます。ということは、井戸
水やミネラルウォーターなどが良いの
では?と考えてしまうかもしれませ
ん。けれども、井戸水やペットボトル
のミネラルウォーターは、土地や品物
によって水質が異なるため、一概に良
いとはいえないのです。

　その点、優れているのが日本の水道
水です。日本の水道水は諸外国と違っ
て細菌や有害物質が少なく、優れた水
質を保っています。いわば世界で最も
優れた水質をもつ水といってもいいほ
ど。水道水に含まれるカルキ（塩素）
を除けば、メダカの飼育にふさわしい

水であると言えるでしょう。

 ## 水道水は1日置いておく

　水道水を1日くみ置いておけば、滅
菌に使用されたカルキは空中に放出さ
れるため、飼育に適した水になります。
メダカが好む水を用意するには、これ
が一番確実で手間のかからない方法と
いえるのです。

　前ページの「水合わせ」を行ったあ
と、メダカが新しい環境に慣れるまで
は、水槽をたたいたり、エサをやり過
ぎるなどストレスを与えるようなこと
は避けましょう。やさしく見守ってあ
げてください。

CHECK!　　pH（ペーハー）とは?

本書の中でよく出てくるpHとは、酸
性かアルカリ性かを測る尺度のこと
です。水中の水素イオンの濃度を測っ
ていて濃度が高いと酸性、低いとア
ルカリ性を示します。メダカに最適な
のはpH6.5 ～ 7.5です。pHは、市
販の水質検査キットを使えば簡単に
測ることができます。

メダカの最適水温は 15～28 度

メダカは変温動物のため、徐々に温度が変化していった場合には、高温・低温でも順応したり耐えることも可能です。けれども、極端に温度が高かったり低かったりすると、当然ながら次第に弱っていきます。

多くの場合、水温が 15 度を下回るとだんだんと元気がなくなり、0～5 度まで下がると水の底でじっとしてほとんど動かなくなってしまいます。逆に 30 度を超えると元気がなくなり、食欲も落ちるなど、温度の変化によってメダカには大きなストレスがかかってしまうのです。

メダカにとっての最適な水温は 15

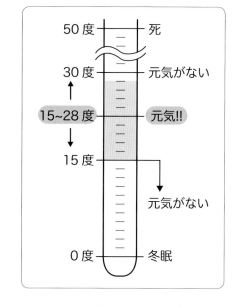

～28 度の範囲です。室内の温度を調節するなどして、最適水温を維持して飼育するよう心がけましょう。

グリーンウォーターは稚魚育成に最適

メダカを飼育していると、いつの間にか水槽の水が緑色になっていることがあります。この水をグリーンウォーター（緑水）といいます。

これは、水が汚れたわけではありません。グリーンウォーターは緑藻類などの植物プランクトンが繁殖したもので、メダカにとってはとても栄養価の高いエサとなります。ただし水草と同様に、増え過ぎてしまうとメダカが酸欠を起こしてしまうことがあるので要注意です。

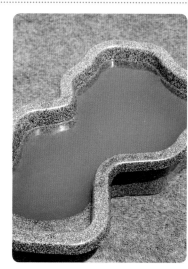

◀ 水槽を外に置いてメダカを入れ、1 週間から 10 日待つと水が緑化してきます。

メダカの好む水の硬度とpH

**日本の水道水は軟水で、
pH（ペーハー）は中性付近を示します。**

 ## メダカは軟水を好む

日本の水は軟水です。水の硬度はマグネシウム・カルシウムなどのミネラルの含有量で決まります。これらの含有量が1〜100mg/ℓ の水は軟水、100〜300mg/ℓ は中硬水、300mg以上/ℓ は硬水と呼ばれます。

硬水を好む外来魚もいますので、生息地域の水を調べることは重要です。軟水を好むメダカではありますが、ミネラルは栄養素なのでメダカをより上手に飼うコツとして、ミネラル分を少し添加してあげることをおすすめしています。

水の栄養剤なども販売されていますが、おすすめなのは岩塩です。岩塩はミネラル分を豊富に含有しており、雑菌効果もあって一石二鳥です。

 ## 弱酸性〜弱アルカリ性の水が良い

メダカが好む pH は、弱酸性〜弱アルカリ性の間です。日本の水道水は7前後の中性で、メダカのこの pH を好みます。

後の章でお伝えするバクテリアを使って飼育する自然浄化水槽では、硝化作用によって水素イオンが生成されるので pH が下がっていきます。水槽内の藻類や植物が光合成をして二酸化炭素が減るとアルカリ性に傾きます。自然浄化水槽では硝化作用と光合成が自然界の様に多少の上下をしながらバランスを保つようにしています。

通常の飼育では水換えを行うため、pH が下がってきたら水換えを行い、中性に戻すというイメージです。

液性	pH 値
酸性	pH < 3.0
弱酸性	3.0 ≦ pH < 6.0
中性	6.0 ≦ pH ≦ 8.0
弱アルカリ性	8.0 < pH ≦ 11.0
アルカリ性	11.0 < pH

突然メダカが調子を崩したら…

水の状態が悪くないのに突然メダカが調子を崩す原因は、もしかしたらpHの問題かもしれません。

pHが下がってくるとメダカの動きが鈍くなることや、突然激しく泳ぎ回るなどの異常行動が起き、水草にも変化が現れます。目には見えない水質で

すが、水槽を日々眺めていると生体と水草の状態で良し悪しを判断ができるようになります。

pH 測定キット

pHは水素イオン濃度指数を意味し、H+（水素イオン）を測定するものです。厳密にはプラスの電気を帯びたH+（水素イオン）や、マイナスの電気を帯びたOH−（水酸化イオン）の含まれる量を測定するものです。

H+（水素イオン）が多いときは酸性、OH−（水酸化物イオン）が多いときはアルカリ性、それぞれの存比率が同じ場合が中性となります。

pHが低い、弱酸性というのは田んぼや池などの泥っぽい環境で多く、メダカ生息の流れの速い渓流や海は弱アルカリ性と言われます。

メダカの生息環境は弱酸性～弱

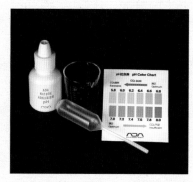

アルカリ性となるので水槽内の数値がpH7前後であることが理想となります。数値は1～14まであり、6～8が中性で数値が下がれば酸性、上がればアルカリ性になります。

メダカ飼育に適した水は弱酸性～弱アルカリ性で、理想はpH6.5～7.5となります。軟水～中程度の硬水で有機質を適度に含んだ水が適していますので、その範囲内にあるかを測るものとなります。

メダカの選び方

**信頼できるショップを探し、自分の目で見て
好みのメダカを選ぶことが一番大事です。**

 ## メダカを飼い始めるのは春先〜秋頃

　メダカを飼い始めるのは、メダカが活動する春先から秋頃までがおすすめです。冬場には水温が低下してメダカの活動がにぶくなってしまい、水温の管理も難しくなります。水温5度以下でメダカは仮死状態になって冬眠してしまうため、この時期に飼い始めるのはおすすめしません。

　また、自然界のメダカも同様で、冬場には冬眠しているため、つかまえるのが難しいという面もあります。

 ## 元気なメダカを選ぶこと

　メダカを飼う際には、当然ながら

元気なメダカを選ぶことが大事です。ペットショップで選ぶ際や、人からもらう場合でも、元気のないメダカや、なかには病気のものもいるかもしれません。下に元気なメダカの特徴と、避けたほうがよいメダカの特徴を挙げましたので、参考にしてみてください。

　また、ペットショップで買うときには、管理のしっかりしたお店を選ぶことも大切です。水槽が白く濁っていたり、死んだ魚が入っていたりするお店は避けたほうが無難でしょう。

 ## 飼いやすいのは「黒メダカ」「ヒメダカ」

日本の野生種である「黒メダカ」は

元気なメダカの特徴
●体にハリがあり、丸々としている
●体に傷がついていない
●泳ぐときに、ヒレが大きく開いている

避けたほうがよいメダカは？
●体にハリがなく、細くやせている
●体に傷があったり、ヒレの形が悪い
●横から見たときに背骨が曲がっている

▲ヒメダカ

▲黒メダカ

▲白メダカ

▲青メダカ

自然の中でもショップでも手に入りやすく、丈夫で育てやすいメダカです。また、改良種の「ヒメダカ」も美しくて丈夫なメダカで人気があり、初心者にはおすすめといえます。

　ただし、ヒメダカは人気があるがゆえに、大量養殖によってあまり健康状態の良くないものや体形がいびつな個体が見られることがありますので、購入時には注意が必要です。

 ## 「白メダカ」「青メダカ」もおすすめ

　他に改良種では「白メダカ」や「青メダカ」も比較的安価で、育てやすい品種です。

　一方で、「アルビノメダカ」は視力が弱いためエサを見逃しやすく、「ダルマメダカ」も他のメダカに比べて泳ぎが下手なので、いずれも競争に強くないメダカです。初心者には向かない品種といえます。

いつ、どこで手に入れる?

お店で買う場合

まず、販売されている環境を見ましょう。形の良いメダカであっても、白濁している水槽で販売されていたり、メダカが水面に浮いたまま、または水底に沈んだままでじっとしているようであれば購入は控えましょう。購入時には元気でも、家に連れて帰ってから病気になったりします。

明らかに手入れの行き届いていない様子が見て取れるなら、そのショップで購入するのは避けるべきです。

川や田んぼでつかまえる場合

自然界の川や田んぼにもメダカはいますから、それをつかまえるのも方法の一つです。そのときには、前ページで挙げた「元気なメダカの特徴」を頭に入れて、それに当てはまるメダカだけを持ち帰るようにしましょう。

体に傷があったり、背骨が曲がったりしているほか、ヒレの形が悪い、体が細いなどの特徴のあるメダカは、連れて帰っても弱ってしまうことが多いため、つかまえずにその場に返してあげてください。

人からもらう場合

人からもらう場合は、自分で選ぶことができません。そのため、もしも元気のないメダカや、病気のメダカが混ざっていたときには、他の容器などに隔離し、治療してから水槽に戻すことが必要です。

また、水槽の大きさから飼えるメダカの数を把握した上で購入したり、人からもらうようにすることが大切です。もらった後に、飼えないからといって近くの川や田んぼに放流するようなことはしてはいけません。

インターネットで買う場合

インターネットでの購入は、わざわざお店に出かける必要がなく、便利だからと利用する方がおられます。一方で、インターネット上には多くのショップがあり、良いお店もそうでないお店も多数混在しています。

飼い始めの頃は、信頼できるお店かどうかの判別が難しく、購入した後で後悔するようなケースも少なくありません。メダカを選ぶ一番の方法は、まずは「自分の目で見ること」。実際に自分の目で、元気なメダカかどうかを確認することが重要なのです。

そのためインターネットで買うのは、メダカの飼育にある程度慣れてきた後にすることをおすすめします。

▲水槽の中間層を泳ぎ回っているようなメダカを選びましょう。

 ## お店から家に連れて帰るときには?

　ほとんどのペットショップでは、メダカを購入した際に、水と酸素の入ったビニール袋に入れてくれます。ビニール袋の中は私たちが思う以上に、メダカにとっては心地良い環境ですから、慌てて帰宅しなくても大丈夫です。

　ただし、移動する際に袋が揺れ過ぎたり、メダカをつついたりするとストレスを感じさせることになりますから注意が必要。ビニール袋をできるだけ静かな状態に保ちながら持ち帰りましょう。

 ## メダカが郵送や宅配で届けられるときには?

　送られているさなかに揺れることもあり、郵送や宅配に時間がかかるとメダカには大きなストレスになります。そのため、発送時には元気だったメダカが、到着した頃にはぐったりとしてしまっていることがあります。

　事前に水を作って用意しておき、家に着いたらできるだけ早く、水槽への引っ越し作業をしましょう。

POINT　メダカがやってくる前の準備

　メダカがやってくると分かっているときには、前もってメダカの水を作っておきます。ただし、水を作っておいたからといって、すぐにその水にメダカを入れるのは禁物です。水合わせなどをした上で入れなければ、メダカが弱ってしまう原因になります。77ページを参考に、メダカの「引っ越し」を上手に行いましょう。

水換えのやり方

通常の飼育では水換えは絶対に必要です。
水換えの手順を覚えておきましょう。

水換えは「毒素を薄める作業」

　水槽でメダカを飼育していると、水は汚れていきます。その主な原因は、メダカのフンや食べ残したエサ、腐ってしまった水草などです。これらが知らぬ間に毒素となり蓄積していきます。

　2週間に一度、3分の1程度の水を換えましょうといわれていますが、水換えとはひと言で「毒素を薄める作業」です。なぜ3分の1程度かというと、急激な水質の変化はメダカには大きな負荷となりストレスとなるからです。

▲ホースを使えばサイフォンの原理によって簡単に水を抜くことが可能です。

短時間での水換えが可能に

　まず、水槽内で目視できる水草の破片や死骸など除去し、ろ過フィルターのスポンジの洗浄を行いましょう。その後、ガラス面に付着した汚れを落としていきますが、水槽の素材を考えて傷のつかないスポンジやタオルを使ってきれいにします。そして汚れが落ちたところで水を3分の1抜いていきます。

　水換えは、サイフォンの原理で簡単に水を抜く方法があり、短時間で可能になります。また、2回に1回は岩塩一つまみを投入してあげてください。

*春と秋＝2週間に一度程度／夏＝毎週／冬＝月に一度（屋外は冬眠のため、水換えなし）

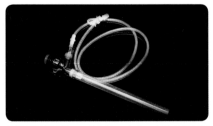

▲同じ原理を使ってより扱いやすい水抜き機も販売されています。

水換えの手順

❶新しい水を作る

▲光分解によってカルキを分解し安全な水を作ります。

❷水槽の水を抜く

▲水を3分の1ほど抜きます。

❸水槽の掃除をする

▲道具を使ってガラス壁面に付着した藻を取り除きます。

❹水槽に新しい水を入れる

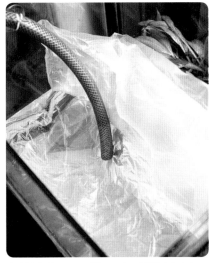

▲水面をビニールで覆い、ゆっくり注水します。

水槽の大掃除

**汚れがひどいときは、水換えではなく
水槽のリセットを行います。**

メダカが病気のときにはリセットを

メダカに病気の症状が現れたときや、水槽が白くにごってきたような場合には、水槽の水をすべて入れ換える大掃除（リセット）を行います。

病気のメダカが発生してしまったら、そのメダカは別の容器に隔離して治療しなければなりません。また水が白くにごるのは、多くの場合で水中のバクテリアのバランスが崩れたことが原因のため、リセットが必要なのです。

水槽は天日干しして殺菌する

リセットするときは、大掃除した後の水槽を天日で乾かし、殺菌する必要があります。天日干しには時間がかかるため、同じ大きさの水槽をもう一つ用意しておき、交互に使うようにすればスムーズに入れ替えができます。

また水槽を洗う際には洗剤を使うことは避け、すべて水で洗いましょう。また、フィルターは水で洗ってOKですが、ろ材は軽くすすぐ程度にします。

リセットのコツとリセットするときの注意

水槽を2つ用意する
天日干しには時間がかかります。同じサイズの水槽をもう一つ用意しておけば、交互に使うことができて水の入れ換えがスムーズです。

洗剤を使わない
洗剤は洗い残しが生じる恐れがあるため使わないように。また、ろ材を洗い過ぎると必要なバクテリアまで消滅させてしまうので、軽くすすぐ程度にします。

リセットの手順

❶水の用意

▲いったん、カルキを抜いた水を入れたバケツにメダカを移し、水槽内の水をすべて出します。

❷ソイルのチェック

▲ソイルの粒が潰れていない場合は引き続きそのソイルを使います。

❸砂利を使う場合

▲砂利の場合は丁寧に汚れを落とし、雑菌を取り除くために日光消毒を行います。

❹器具類の消毒

▲使用している器具も丸洗いして日光消毒。

❺新しい水の注水

▲新鮮な水を注ぎます。

❻ゴミの取り除き

▲水槽内に浮遊しているゴミを除去して完成です。

ベアタンクについて

**ベアタンクとはガラス水槽と
新鮮な水のみで飼育する方法です。**

ベアとは
「bare ＝裸」という意味

　ベアタンクとは、低床に何も敷かないで飼育する方法です。ベアとは「bare ＝裸」という意味で、金魚やメダカなどの生体以外には何も入れず、底床なし・砂利なし・砂なしの水槽ということです。

　つまりは底床材を使わないということですが、ベアタンクで飼育する人は水草なども使わない人が多いです。

水糞やエサの食べ残しが見える事

　ベアタンクのメリットとして、メンテナンスが容易であることが挙げられます。フンや食べ残しは底面にたまりますので、サイフォンの原理によってすぐに除去することが可能です。

　底面にたまるのは、フンやエサの残り、枯れた水草などが主ですが、ベアタンクだと水槽内がむき出しになるため、これらの汚物が目立つ状態になります。つまり目に見えるため、簡単に排除することができるわけです。

底砂の間には汚れがいっぱい

　反面、底砂を敷いていると、これらの汚物は底砂にまぎれこんで見えなくなってしまいます。水換え時にポンプなどで掃除をしたことがある人なら分かるように、底砂の間にはたくさんの

ベアタンクのメリット
●掃除やメンテナンスが容易
●水槽内が衛生的に保てる
●メダカを鑑賞しやすい
●メダカが病気になりにくい

ベアタンクのデメリット
●毎日水換えが必要
●フンやエサの食べ残しが目立つ
●頻繁に汚物の掃除が必要
●バクテリアが定着しない

汚物が残っています。一見、底砂だけで汚物がないように見えても、実際には違うのです。目に見えないだけで、底砂の中はエサの残りやフンでいっぱいになっているわけです。

ベアタンクはこうしたことが起こりませんから、水質内を非常に衛生的に保つことができます。

ベアタンクは毎日の水換えが必要

また、何も飾りがないためメダカ自体が目立ちます。水槽全体が丸見えになるため、魚を鑑賞するという意味ではとても見やすいといえます。

しかし、低床材がないためにバクテリアが定着することがないことから、毎日の水換えが必要になります。ベア

タンクは、日々メンテナンスがきちんとできる人でなければ維持することが難しい飼い方です。

バクテリアを使って発生する毒素を分解していく飼育方法とは正反対であり、新鮮な水に日々入れ換えて飼育する方法だと考えなければなりません。

ほぼ無菌状態での飼育

ベアタンクはほぼ無菌状態で飼育していくために、手間はかかりますが、メダカが病気にかかることが少ないという利点があります。

お店などでの販売用であれば適していますが、毎日の水換えと掃除が必要なため、家での飼育方法としてはおすすめしていません。

▲ベアタンクは展示用水槽や販売用水槽でよく見かけますが、管理は大変です。

メダカを飼う前の準備
～上級者編（水換えなし方式）

 ## 水換えの不要な水槽とは

バクテリアは空気中にも地中にも存在し、海・川・池などの自然界はバクテリアのバランスが保たれていることで魚の棲みやすい世界を作っています。

自然浄化水槽、つまり水換えの不要な水槽とは、好気性バクテリアと嫌気性バクテリアを使って疑似的に自然環境を作り上げる技術を指します。第2章の42～43ページで説明したように、水や水草が自然環境を作り上げることで、水換えを行わずにメダカを育てていくことが可能なのです。

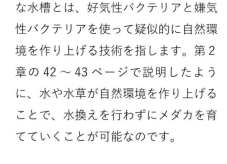

青木式自然浄化水槽〜水立ての方法

　バクテリアの環境を整えるにはメダカのフンが必要です。硝化作用と窒素同化環境を作り上げるまでを「水槽の水立て」と言います。環境が整うまで2週間から1カ月程度を要します。

必要なもの
水槽・ソイル・岩塩・水草・エアレーション・LEDライト・水流装置・バクテリア源命液・バクテリア命水液・エサ・パイロットフィッシュ[※]

❶一層目に　光合成細菌を
光合成細菌はたっぷりとソイルに染みこませます。

❷二層目に　源命液を
源命液は少量です。30ℓの水槽立ち上げの際は、ペットボトルのキャップ2杯程度でOK。

❸ビニールを敷き、注水
ソイルの上にビニールを敷いて、上からゆっくりと水を注ぎます（ビニールは何でもOK）。

❹エアレーション
水を入れ終えたらエアレーションをかけ、水の安定をはかります。

❺水質のチェック
立ち上げ後、ミジンコを入れて水質を確認。2〜3日経ってミジンコが元気に泳ぎ回っていたら水は安全です。

❻2週間後
立ち上げから2週間後。水は完全に安定し、緑藻も生えてきます。
その後、パイロットフィッシュを入れて水質を調整します。

❼完成した水槽
完成すると日々のバクテリア投入と、足し水だけで飼育が可能です。

※パイロットフィッシュとは、水作りをするときに活躍してもらうメダカです。エサを食べ、フンをさせることでバクテリアの増殖を促します。まだ環境が不安定な水槽セットの初期に、環境を安定させるために入れることが多くあります。

◆「自然浄化水槽〜水立て」の大事なポイントについて、P94〜109にて詳しく紹介していきます

「自然浄化水槽〜水立て」で用意するもの

自然浄化水槽には必須なものです。

 ## ソイルは2種類を用意

水立ての際には、水槽やソイル、水草、岩塩、エアレーションやLEDライト、バクテリア源命液・バクテリア命水液などが必要です。

水槽はどのようなものでも構いません。ソイルは嫌気性バクテリアと好気性バクテリアをしみ込ませておいた2種類の吸着系ソイルを使います。

ソイルには栄養系ソイルと吸着系ソイルの2種類があり、栄養系ソイルには、すでにバクテリアや栄養分が添加されています。著者は常々、栄養分が添加されていない吸着性ソイルを使って、バクテリアを吸着、定着させてい

くという作業を行っています。

 ## その他に必須なものは?

LEDライトは水草や藻の成長を促しますから、あったほうが良いといえます。エアレーションは好気性バクテリアである源命液を投入する際に必要ですから準備しましょう。

栄養系ソイルを使わない理由は品質が一定ではなく、使うソイルによって同じ結果が得られないからで、使うこと自体はまったく問題ありません。

一方吸着系ソイルは、栄養素や毒素分が一切入っていないものなので安定的な結果が得られます。

POINT 用意するもののPOINT

● 水槽＝どのようなものでもOK
● ソイル＝目の粗いものと細かいパウダー状のもの
● LEDライト＝水草や藻の成長を促す
● エアレーション＝源命液の活性を促す

▲ LED ライト（左）とエアレーション（右）

▲目の粗いソイルは下層に使います。

▲目の細かいソイルは上層に使用します。

▲ LED ライトは植物育成に適したものを使用します。

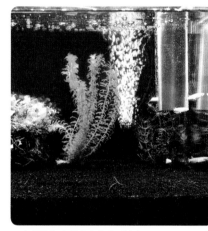

▲自然浄化水槽を立ち上げたらエアレーションを使い源命液の定着をはかります。

▲硝化作用によって硝酸イオンが生成されると植物は成長を始めます。

ソイルを2層にするテクニック

**自然浄化システムの最大のポイントとなる
バクテリアを含んだソイル作りです。**

ソイルを2層にして
自然の浄化環境を作る

　ソイルを使って、嫌気層・好気層を作り上げる方法を紹介します。ソイルを2層にして、自然の浄化環境を水槽内に表現するということです。

　栄養系のソイルにはすでにバクテリアなどがしみ込んでいますが、どのようなバクテリアが入っているか、定かではありません。そのため、バクテリアの吸着に優れた吸着系ソイルを使います。

目の細かいパウダー系のソイルを

　ソイルは嫌気層と好気層を作り上げるために、目の粗いソイルと、なるべく目の細かいパウダー系のソイルを使います。

　まずは、最下層に目の粗いソイルを2センチくらい敷き詰めます。

　敷き詰めたところに、バクテリア命水液を投入します。その際、命水液がすべてのソイルにしみ渡るように多めに入れるのがポイントです。

2層目となるパウダーソイルを
敷き詰める

　最下層のソイルに命水液がしみ渡ったところで、2層目となるパウダーソイルを敷き詰めます。命水液は嫌気性バクテリアのため、パウダーソイルで下層にふたをするイメージで酸素を遮断するのです。

　2層目のパウダーソイルも、2cmくらいを敷き詰めます。

　敷き詰めたら、バクテリア源命液を10㎖（30cmキューブ水槽の場合）ほど、水槽の真ん中あたりに投入し、しみ込ませます。

　これは好気性のバクテリアですから、ソイルの層でふたをする必要はありません。

ソイルが舞って層が崩れるリスク

　整ったところで水張りをします。ここで重要なのは、2層なので上から水を直接入れないようにすることです。まず、ソイルが舞って層が崩れてしま

わないように、ソイルの上にビニールを敷きます。そして、ビニールの上からゆっくりと水を注いでいきます。

　この水張りが重要なプロセスの一つですので、慎重に行ってください。

　まずはお椀のようなものを置き、中心からゆっくりと注いでいくのがおすすめです。十分に水が入ったら、ビニール袋やお椀をそっと取り除いてみましょう。

　このようにして水張りを行っていくと、ソイルが舞わず、即日に透明な水で飼育することが可能です。ある程度のソイルによるにごりは時間とともに沈殿し、透明化していきますので安心してください。

最下層のソイルに命水液を使う

▶命水液が全体にしみ渡るまで注ぎます。下層は目の粗いソイルを使用。

2層目のパウダーソイルに源命液を使う

▶源命液を30cm水槽なら10mℓ程度入れて、その後全体を湿らせるために水を注ぎます。

注水テクニック

ソイルの上にビニールを敷いて、ビニールの上からゆっくりと水を注いでいきます。

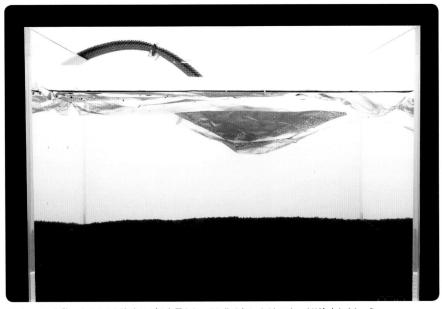

▲ビニールを敷いたとしても注水はごく少量とし、30分ぐらいかけてゆっくり注水しましょう。

水槽に水を入れる

　ソイルが舞わないように、ビニールなどをソイルの上に敷き、カルキを抜いた水を注ぎます。

　水槽に投入したバクテリア源命液は、複合性バクテリアですから、エアレーションを少しかけると、より効果的です。この水立て法を行った場合は、なるべくエアレーションを緩くかけましょう。

　1層目の光合成細菌は、2層目のパウダーソイルによってふたをされているために嫌気状態となり、活発に活動を始め、徐々に水中にしみ出てきます。

　吸い込み式の底面フィルターを使うと、より命水液の効果が得られますが、無理に使用しなくても自然としみ出てきますので、飼育に問題はありません。

エアレーションで水の安定をはかる

水を入れ終えたらエアレーションをかけ、水の安定をはかります。

▲源命液が活性化してソイルに棲みつきやすいように、エアレーションを入れて水を撹拌させます。

エアレーションの効果

　水を入れ終えたら、水槽にエアレーションをかけると水の安定をはかれます。ちなみに、エアレーションの意味はひと言で「撹拌（かくはん）」です。

　エアレーションによって水槽内の水が回ることによって、水が水表に何度も触れていくことが大事というわけです。これがエアレーションの効果です。

水槽の立ち上げのポイント

- 水槽をきれいに減菌する
- 粒の大きなソイルを入れ、1層目を作る。命水液を全体的にしみこませる
- 粒の細かいパウダーソイルを2層目に敷き、源命液を少量しみ込ませる
- ビニールなどをソイルの上に敷き、カルキを抜いた水を注ぐ
- エアレーションをかける
- パイロットフィッシュを入れて水を整える
- ミジンコを入れて水質をチェックする

水質を整える ～パイロットフィッシュを入れる

パイロットフィッシュを入れて、水質の様子を見ます。

▲パイロットフィッシュとは、水質を見るためではなくメダカにとって住み心地の良い環境を作りあげるための魚です。

水立ての際に活躍するメダカ

　水槽を立ち上げたら、即日パイロットフィッシュを入れて、水質の様子を見ます。私の経験上、すぐに魚を入れたとしても、問題はほとんど起こりません。

　パイロットフィッシュは、水立てをするときに活躍してもらうメダカ（他の魚でもOK）です。なぜ入れるかというと、パイロットフィッシュにエサを食べてもらい、フンをさせることでバクテリアの増殖を促すためです。

　まだ環境が不安定な水槽セットの初期の段階に、水質を安定させるために入れることが多くあります。

水質チェックにミジンコを使う

　おおよそ1～2週間ほどで、自然浄化水槽が完成します。そこでパイロットフィッシュは役目を終え、お気に入

水質をチェックする ～ミジンコを入れる

立ち上げ後、ミジンコを入れて水質を確かめます。

▲原生生物であるミジンコを入れて元気に泳ぎ回っているようなら、水質が良いと判断できます（水質の可視化）。

りのメダカを入れて飼育を開始します（パイロットフィッシュは、バクテリアが活躍する前から水槽内を泳いでいるため毒素にさらされています。役目を終えたらいったん屋外に出し、日光の下で数カ月かけて回復させます）。その際に、より詳しくバクテリアの環境や水質が問題ないか否かを確認する方法があります。それが、ミジンコを入れてみること。ミジンコを水の中に投入することで、水質を目で見ることができます。

🐟 ミジンコが元気ならOK

立ち上げた後にミジンコを入れ、2～3日しても元気に泳ぎ回り、増殖しているようなら、水はほぼ安全であると判断して良いでしょう。

原生生物というのは、魚よりも水質に敏感かつ、弱い生き物です。その原生生物であるミジンコが元気に泳ぎ回っているなら、水質がきれいな証拠と判断できるわけです。

水槽立ち上げから1〜2週間後

**立ち上げ2週間後のチェックに
一番気を配らなければいけません。**

完成の判断には亜硝酸濃度を測る

　ミジンコによる水質のチェックや、パイロットフィッシュを入れて水を整えれば、1〜2週間で自然浄化システムがはたらいた水槽が完成します。

　水槽が完成したかどうか、見た目ではなかなか分かりにくいかもしれませんから、完成の判断は、亜硝酸計を利用して亜硝酸濃度を測ることで行います。

　多くのケースで、メダカを投入した後、数日すると亜硝酸濃度が上昇してきます。これは、エサの食べ残しやフンが毒素に変わることで起こります。その後、亜硝酸が検出されなくなると、バクテリアが毒素を分解していると判断できます。つまり、自然浄化システムがはたらいていると分かるわけです。

水換え不要でピカピカの水に

　さらに時間をかけていけば、いっそう安全性の高い浄化作用をもつ水槽ができ上がっていきます。

▲源命液がはたらき有機物の分解が進むと、水は透明化します。

　バクテリアが活発にはたらくようになると、アンモニウムイオンや亜硝酸イオンは自然に分解され、有機物も分解されますので、水はつねにピカピカの状態となります。

　この自然浄化システムがはたらく水槽は、水換えが不要で、水が蒸発していく分を足していくだけでメダカを飼育することができます。

　水換えは魚にとっては突然の環境変化であり、ストレスになるものです。特にメダカのような小魚においては、こうしたストレスが元気をなくす原因にもなりますから、自然浄化システム

◀白濁の原因はバクテリアの死骸です。源命液をいれてエアレーションをかけバランスを整えてください。水は透明化します。

による水換え不要の水槽はとても有益なのです。

立ち上げがうまくいかないときは？

　自然浄化システムの水槽にとって重要なのは、源命液と命水液のバクテリアの層を壊さないことです。

　立ち上げがうまくいかないときは、バクテリアか、ろ過がうまくはたらいていないということ。バクテリアがソイルに棲みついていないために、水が白くにごる状態になります。

水がにごった状態になれば…

　ふつう、水が白くにごっても、バクテリアのはたらきが進めば次第に透明になっていくのですが、もし早く水質を改善したいと思えば、にごった水槽

の水の半分を換えるという方法もあります。それを数日にわたって行います。

　その際は命水液：源命液を５：１くらいの割合で添加していきます。これによってバクテリアの定着を再度はかり、環境が整ってくると透明度が増していくはずです。

水の管理はバクテリアに頼る

　亜硝酸濃度を測り、毒素が検出されなくなってからは、命水液を毎日10㎖ほど入れていくことをおすすめします。源命液は１〜２週間に一度入れていく程度で良いでしょう。

　水の管理は、水換えではなく、バクテリアに頼るということが肝心です。水は換えるのではなく、蒸発した分だけ、カルキを抜いた水を足していく、ということだけで十分なのです。

水槽内でのバクテリアのはたらき

**自然浄化水槽の中でバクテリアは
自然の窒素循環を疑似的に再現します。**

 ## バクテリア命水液の投与が重要

　自然浄化水槽が完成してから大切なことは、毒素量とバクテリアのバランスになります。

　バランスがしっかり保てると、植物が勢いづきます。良いバランスの水槽は、透明度が高く臭いがしません。好気性バクテリアが良くはたらいている水槽は水槽の縁に小さな気泡が表れます。その状態の水槽にバクテリア源命液を追加投入する必要はありません。

　その後は日々、バクテリア命水液だけを投与していきます。命水液は、硝酸イオンを窒素に還元するだけではなく、源命液より微力ではありますが、アンモニウムイオンから亜硝酸イオン、そして硝酸イオンに変換する硝化菌としてのはたらきもあり、さらに、嫌気性バクテリアなので酸素を使わずに穏やかに活躍をしてくれます。毒素の数値を日々測定するのは手間なので、バクテリア命水液の投与をすることで失敗を少なくする意味合いがあります。万が一、規定量を超えて入れて

しまったとしても、生き物には無害です。

　このような理由から、メダカを安全に飼育するために、バクテリア命水液の投与が重要になります。

 ## バクテリア源命液の役割は?

　バクテリア源命液の特徴として、アンモニア・亜硝酸の強力な分解力だけでなく、納豆菌によって有機物の分解、臭いの分解も行える点があります。

　ろ過器がいらなくなる理由は、バクテリア源命液内の納豆菌のはたらきがあるからです。

　自然界では魚の死骸などもバクテリアによって分解されていて、青木式自然浄化水槽ではバクテリア源命液がその役を担います。

　バクテリア命水液は硝酸イオンを窒素に還元する力を持っていて、脱窒細菌ともいわれます。硝酸イオンは強い毒素はありませんが、蓄積すればメダカが死んでしまう原因になります。

▲自然浄化水槽はメダカにとって、とても心地良い環境といえます。その水槽は見た目にも美しく感じます。

▲自然浄化水槽で泳ぐメダカの鱗の艶やヒレの伸びを見ると、水質の大切さを感じるはずです。

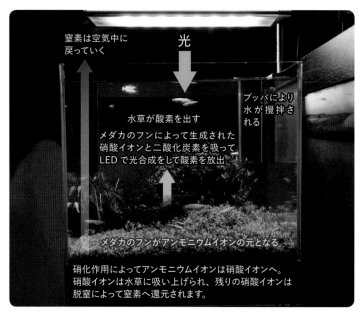

光

窒素は空気中に
戻っていく

ブッパにより
水が攪拌さ
れる

水草が酸素を出す

メダカのフンによって生成された
硝酸イオンと二酸化炭素を吸って
LED で光合成をして酸素を放出

メダカのフンがアンモニウムイオンの元となる

硝化作用によってアンモニウムイオンは硝酸イオンへ。
硝酸イオンは水草に吸い上げられ、残りの硝酸イオンは
脱窒によって窒素へ還元されます。

▲バクテリアのはたらき

メダカが全滅する !?

　水換えがほぼいらない状態で長期飼
育をされている方もいらっしゃると思
いますが、一夜にして全滅してしまっ
たという相談が寄せられることがあり
ます。これは硝酸イオンがメダカの致
死量に達したということを示します。

　一方で、致死量になる前に換水し硝
酸イオン濃度を薄めていれば全滅する
ことはありません。バクテリアを利用
せず室内飼育で数カ月もの間、水換え
なく長期飼育ができたという経験のあ
る方もいると思います。これはたまた
ま空気中のバクテリアが知らぬ間に水
槽内に入り込みバクテリア環境が整い

硝化作用が実現しているということに
過ぎません。

　ここがポイントなのですが、バクテ
リア命水液は地中にある嫌気性バクテ
リアであり室内飼育の環境下では発生
しないということです。ということは、
科学的にもバクテリア命水液を入れず
に水換えなしの水槽はできませんし、
毒素が少ないと言われる硝酸イオンは
必ず蓄積していきますので、どこかの
タイミングでメダカが次々に死んでし
まうということが起こります。

　バクテリア命水液でもアンモニア・
亜硝酸の分解も行えるため、基本的に
すべての毒素を変換する力を有してい
ますが、バクテリア命水液だけでは有

太陽・動物・植物・バクテリアのバランスによって自然は保たれていて一つでも欠けたらすべてが壊れることを意味します。

大地では動物のフンや死骸によってアンモニウムイオンが生まれ、バクテリアによって硝酸イオンに分解される。

バクテリアの分解によって生まれた硝酸イオンは植物が吸って光合成をし、生き物に酸素を供給する。

地中の嫌気性バクテリアは、脱窒という環境を作り上げ、硝酸イオンを窒素に還元して空気中に戻していく。

この田んぼの中では、メダカのフンや死骸によってアンモニウムイオンが生まれ、バクテリアによって硝酸イオンに分解される。

▲バクテリアのはたらきと自然界の関係

機物の分解ができないので、毒素は無毒化されてもソイルの上にはゴミのようなものが蓄積します。

土壌をソイル内で作り上げる

ここで自然界を見てみましょう。大気中の窒素が空中放電（雷）によって地中に窒素酸化物（アンモニウムイオン）が生成され地中に広がり、死骸などの有機物も化学性細菌によって窒素固定されアンモニウムイオンとなり土壌の中でバクテリアによって硝化作用が起こります。

肥沃な土壌というのは土の中で硝化作用と脱窒・窒素固定が整い窒素循環のバランスがうまく整っている環境といえます。良い土壌は植物の根や地殻変動などによって地下水脈から湧き水が上がってくると、その水とともに地上へと湧き水にのって嫌気性バクテリアが運ばれてきます。嫌気性バクテリアの活躍がなければ脱窒も窒素固定も実現しません。

このような肥沃な土壌をソイル内で作り上げるということが、青木式自然浄化水槽を実現するイメージです。青木式自然浄化水槽の立ち上げで大事なことは、まずソイルを使って土作りをすることになります。

水槽の完成

いよいよ室内自然浄化水槽の完成です。
完成後のメンテナンスもしっかり行いましょう。

▲メダカだけでなく、コケ掃除をする貝やシュリンプを入れることによって水質環境をきれいに保ちます。

水質が良いと緑苔が発生

水槽が完成すると、自分なりのいろいろなレイアウトを楽しむことができます。水草や石を配置し、ミナミヌマエビやタニシなど、他の種類の生き物や魚と共生する疑似的環境を作り上げることも可能です。

バクテリアのバランスが取れた水槽だと緑苔が発生してきますし、バクテリアの活躍がないと水草の栄養素は供給されないので茶苔が生えてきます。水草の状態を見ながら水質の維持に努めてください。

自分なりの水槽作りに挑戦

このページでいくつかの水槽の例を紹介していますが、レイアウトについて留意すべき事柄もいくつかあります。〈水槽内が過密にならないよう、メダカは水1ℓにつき1匹が目安〉〈小さな水槽は急激な水温の変化が起こりやすいため、継続的な飼育には向かない〉〈開放されたエリアと入り組んだエリアがあるほうがメダカも棲みやすい〉こうした点に留意して、あなただけの水槽作りにトライしてみましょう。

▲この水槽サイズで3匹程度が適切で、エビやオトシンクルスなども入れています。

▲5ℓなら2匹程度。余裕をもって過密にならないように飼育しましょう。

▲1ℓに1匹より多く入れても、植物が光合成をしていれば酸欠にはなりません。

メダカの生態

自然環境とバクテリア

室内での飼育方法

屋外での飼育方法

飼育に役立つ鑑賞水草

めだか盆栽の魅力

青木式ミジンコ連続培養

メダカの繁殖

遺伝のしくみ

ワンポイントQ&A

[Column 03]

土について

■■

　窒素同化において、植物は硝酸イオンを根から水とともに吸い上げますが、硝化反応が起こる前のアンモニウムイオンの状態でも、根粒菌のはたらきで窒素同化することができます。そのため通常は、根粒菌はマメ科の植物の根に侵入し根粒という形で器官を形成し、空気中から土に入り込んだ窒素を根粒に取り込み、直接的にアンモニウムイオンを植物に供給します（相利共生）。

　植物育成の三大要素として、窒素・リン酸・カリ（カリウム）があります。窒素は葉、リン酸は果実、カリは茎や根の成長を促す要素です。植物は窒素分を吸い上げたのちにアミノ酸生成のためにアンモニウムイオンをアミノ基へ変換しますが、窒素過多だと変換しきれず、葉の中に亜硝酸態窒素として窒素分が多く残ってしまいます。亜硝酸態窒素は、人体でヘモグロビン血症という酸素欠乏状態の原因となることから、葉物野菜の窒素過多は問題視され、日本の野菜に含まれる亜硝酸態窒素濃度は他国に比べて非常に高いとの報告もあります。

　葉物を食べたときにエグみを感じたら、亜硝酸態窒素の味です。葉物に苦味があっても食べて数秒で消える一方で、エグみは口の中で10秒ほど残ります。エグみは苦味と違って美味しくありません。

　未来の農業を考える上で、肥料過多というデータが出ている現在の慣行農法や有機農法に改善が必要なのは間違いありません。肥料や農薬を一切必要としない自然農法もありますが、非科学的な話ばかりが散見しています。肥料の歴史は長く、食物生産に肥料は間違いなく必要です。適正な肥料を土壌のバクテリアバランスを整えながら併用することが大事であると私は考えます。

第**4**章

屋外での飼育方法

室内飼育と屋外飼育の違い

**屋外では空気中のバクテリアが自然と水槽内に
取り込まれるため、水が劣化しにくく飼育が容易です。**

 ## 屋外での飼育は自然なこと

もともと小川に生息するメダカにとって、屋外での飼育は自然なことです。

基本的にどの種類のメダカも屋外で飼育することができます。ただし、屋内飼育のときと同様に、ダルマメダカやアルビノメダカは競争に強くないため、他のメダカとは別の容器で飼うようにしましょう。

 ## 上から見てきれいなメダカがおすすめ

屋外で飼育する際には、横から見ることがほとんどありません。上から眺めてきれいな種類のメダカ、とくに背中が光るヒカリメダカや、柄系のメダカがおすすめです。

一方、黒メダカや茶メダカなどは暗い場所で目立ちませんから、光がよく当たる場所に置き、白い容器を選ぶなどの工夫が必要です。

▲空気中のバクテリアがうまく水槽に取り込まれ活性化されるようにエアレーションをかけて水中を攪拌させます。

屋外飼育で気をつける事は天候

　屋外飼育で必要な道具は、屋内飼育と同じです。なお、屋外では容器のなかで自然にメダカに適した環境ができ上がっていきますので、水換えの頻度は月に1回程度で大丈夫です。晴れた日が続いたり、梅雨明けは特に水が蒸発しますので、足し水を忘れないようにしてください。〈飼育道具…容器・砂利・水草・エアポンプ〉

 ## エサの与え過ぎに注意

　また、屋外飼育でも屋内と同じようにエサで飼育します。ただし屋外の容器内ではエサとなるプランクトンや藻が発生するので、エサの食べ方を見ながら与え過ぎないように注意しましょう。活動量が増える夏場は1分間で食べきる量を複数回に分けて与えてください。

 ## メダカの屋外飼育用の容器（水槽）

発砲スチロールの箱

丈夫で比較的入手しやすいもので OK。発砲スチロールは外気の影響を受けにくいので水温が安定しやすい利点があります。

スイレン鉢

陶器製や合成樹脂のものがあります。水草やスイレンなどを入れられるように、広さに余裕のあるものを選びます。

プランター・バケツ

プランターは底穴をふさぎます。バケツやタライなども、見た目を気にしなければ手軽な飼育容器になります。

季節に応じた育て方

春・秋	気温が安定している春や秋は、特に手を加える必要はありません。春は産卵期なので、繁殖させるときには、卵を産みつけた水草を別容器に移すなどの工夫が必要です。
夏	直射日光によって急な水温変化が心配されるときは、よしずなどで陰を作りましょう。水草や藻が増え過ぎると水槽内の酸素量が低下しますのでエアレーションをかけます。エアレーションは水温を下げる効果もあります。
冬	メダカは気温が5度近くまで下がると冬眠を始めます。水の底や水草の陰でじっと暖かくなるのを待ちます。この時期は特に手を加える必要はありません。

屋外飼育の楽しさ

**屋外飼育は大きな容器を使用する場合が
多いため、それに対応した設置方法が必要です。**

ヒミツは太陽光と
自然発生バクテリア

　メダカ飼育を楽しんでいる方の多くが屋外飼育を行っています。屋内飼育と比較して屋外飼育のほうが容易であり、その理由は太陽光と自然発生バクテリアのおかげです。

　室内では屋外で飼育する環境に近づけるために LED ライトを使ったりバクテリアを添加したりしますが、屋外ではその環境が自然に整っていきます。

　メダカ飼育の初心者であってもうまくいくので、多くの方が屋外飼育のほうが簡単であるといいます。

日光を浴びてビタミンDが生成

　メダカにとって日光は欠かすことのできないものです。ビタミン D は日光を浴びて体内で生成され、これは食物から得られるものだけでは不十分です。

　ビタミン D はミネラル吸収を助け、成長と健康に必須な栄養素であり、日光が必要であることは私たち人間と同じです。さらに日光は殺菌効果もあり、病原菌を抑制することや、その光量は産卵時期を把握する指標にもなっているのです。

日光を浴びると抵抗力がつく

　メダカを太陽光の中で育て上げると発色も良く、エサとなる植物性プランクトン（グリーンウォーター）が育ちます。

　室内で飼育養殖されたメダカはどうしても虚弱であり短命です。植物性プランクトンは稚魚のエサとしてだけでなく成魚にとっても重要な栄養素になります。

　十分な日光と栄養を摂って育ったメダカは、強い抵抗力を持ち成長します。屋内でメダカアクアリウムを楽しむ場合は、屋外でしっかり成魚まで育て上げられたメダカにしましょう。

屋外で容器をセットする手順

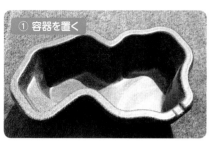

① 容器を置く

▲水槽は日光に当てて殺菌します。

② ソイルを敷く

▲ソイルを敷きますが、安価な赤玉土でも十分です。

③ 水を入れて一晩置く

▲ソイルが舞わないように注水します。ソイルにはバクテリアが棲みつきます。

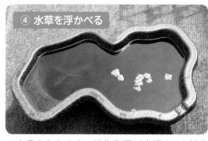

④ 水草を浮かべる

▲水草を入れます。硝化作用が実現すると植物が元気に育ちます。

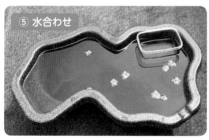

⑤ 水合わせ

▲魚を入れる際には水合わせは忘れずに行ってください。

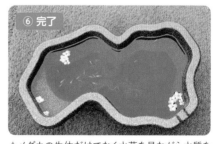

⑥ 完了

▲メダカの生体だけでなく水草を見ながら水質を確認しましょう。

日当たりの良いところに置く

飼育容器を置く場所は、日光の良く当たる場所を選びます。できれば午前中ずっと、最低でも1日に2〜3時間の間、日光が当たればOKです。

直射日光が日中ずっと当たり続けるような場所や、ずっと日陰の場所などはメダカの体調が崩れやすくなるため、避けるようにしましょう。

屋外飼育の注意点

**屋外飼育は屋内飼育と違い、
天候や外敵への対策を施す必要があります。**

 屋外飼育で気をつけるポイント

屋外の飼育では、強風で飼育容器が倒れたり、雨による増水などでメダカが流れてしまうこともあります。台風や大雨などの気象の変化に留意することが欠かせません。

また、屋外だけに様々な外敵が存在します。自然の中にいる敵から飼育容器を遠ざけることも必要で、安全な環境で飼育できるよう気を配りましょう。天気や気温の大幅な変化や、外敵の気配を感じたら、すぐに対策を立てることが大事です。

屋外飼育の際に気をつけるべきポイントを下に挙げましたので参考にしてください。

①水の蒸発対策〜特に暖かい季節になると水が蒸発しやすくなります。水が減ると水質悪化やメダカのストレスの原因になりますから、週に一度は足し水をします。

②落下物対策〜台風や強風による落下物を避け、安全な場所に置きます。

③水温上昇〜夏場の直射日光は禁物。水温が30度以上になると危険です。

④増水防止〜雨や雪で容器の水があふれてしまうことがあります。容器に板などでふたをして増水を防ぎます。

⑤凍結対策〜冬場に水が凍って慌てることがありますが、心配はいりません。メダカは低い水温でも生きることができ、冬眠によって寒さをしのぐことができます。

▲水が緑化するのは、空気中の植物性プランクトンが水槽に入り込み増えていくからです。

メダカ飼育の敵になるもの

◆様々な外敵

　屋外飼育の場合、自然界にはメダカをねらう生き物がたくさんいます。その中で特に気をつけなければならないのは、トンボの子どもであるヤゴ、ネコのほか、カラス、カワセミなどの鳥です。

　こうした外敵からメダカを守るには、容器の上に網を張ることです。ホームセンターなどで売っている網が効果的で、鳥のくちばしが届かないよう、水面までの距離を離して網を張ります。鳥は頭が良いため、一度場所を覚えると何度もやってきますから注意しましょう。

◆水中動物の「ヒドラ」

　水の中で生きる水中動物に「ヒドラ」がいます。ヒドラは毒針を持った長い触手をイソギンチャクのように伸ばし、メダカの稚魚を食べてしまう警戒すべき動物です。

　このヒドラは分裂して増えていくため、1個体発見したら100個体はいるといわれるため要注意です。もしもヒドラを見つけたら、水換えが最善の

方法です。メダカを別の容器に移し、水換え（リセット）を行ってください。

▲水草についているヒドラ

水槽につく生き物

　ヒドラは外敵となる水中の生き物ですが、他に外敵とはならない水槽につく生き物もいます。

　ナメクジを小さくしたような姿のプラナリアや、茶色や黒い紐状のヒル、白く細い糸ミミズなどが水槽の中に見られることがあります。見た目はよく

ありませんが、これらは直接メダカに害を与えるものではありませんから、それほど気にする必要はありません。また、水草に付着してやってくる小さな貝であるスネイルはコケやエサの食べ残しを食べてくれますが、あまりに増え過ぎたら間引くようにします。

おすすめの屋外水槽

**トロ船は水表面積が広くとれ、
メダカの屋外飼育には最適な水槽です。**

おすすめは安価で丈夫な「トロ船」

まず屋外水槽の飼育容器はお好きな容器で大丈夫ですが、メダカ飼育で大事な要素は、水深よりも水面の広い表面積です。その点、浅く水表の広さを実現できるおすすめの飼育容器は、安価で丈夫な「トロ船」です。

トロ船には青・緑・黒・白などの色がありますが、好きなものを使ってください。黒い容器はメダカの体色が美しく鑑賞目的では最適ですが、紫外線の波長を吸収する色であるため直射日光が当たり続けると水槽内は熱くなり過ぎてしまいます。

白は多くの波長を反射するため、熱の上昇が避けられます。飼育や繁殖目的であるなら、白い容器のほうがメダカにとっては良いことになります。観賞用としては黒いトロ船が最適です。スイレン鉢で飼育する方もいて、趣があり見た目にはとてもいいのですが、水表面積が小さく水深が深いため、メダカ飼育には不向きです。

◎ここで、私が作る屋外水槽「トロ船」を参考までにお伝えします。

【準備するもの】トロ船・赤玉土・メダカ・アマゾンフロッグピット・岩塩・よしず

まず、トロ船に赤玉土を入れます。赤玉土は安価であり、かつバクテリアが定着しやすい特徴があります。まず赤玉土を入れてカルキを抜いた水を張りましょう。

カルキを抜いた水に岩塩を入れます。栄養素が足りないのと、赤玉土に付着している雑菌などを抑える意味合いがあります。

岩塩を入れる量は手づかみで一握り、トロ船のサイズにもよりますが100ℓに対して50gほどの塩を投入しています。

岩塩を投入する意味は屋内水槽と同じで、ミネラル分の添加と殺菌のためです。その後、エアレーションを入れて攪拌します。可能であればそのまま1週間程度メダカを入れずに放置します。

水草で水の良し悪しを判断する

　この期間に空気中のバクテリアが水槽内に溶け込み、水質が落ち着いてきます。その後水草を入れますが、アマゾンフロッグピッドなどの浮き草がおすすめです。

　水草を入れる理由は、メダカの隠れ家となり生体が落ち着くという意味だけではなく、水質の良し悪しを判断するためでもあります。メダカを入れて飼育を開始し、メダカのフンやエサの食べ残しがバクテリアによって分解されていくと水草は元気に育ちます。反面、水草が溶けて枯れていくような水は、バクテリアがはたらいていない水槽であると判断できます。

　フンはバクテリアによって植物の栄養素となる硝酸イオンに変換されますが、それが不足すると植物はすぐに状態が悪くなるため、水草は水質の良し悪しの判断材料としての重要な役割を担っています。

　そしてエアレーションですが、屋外飼育の際はトロ船内の水がゆっくりと回るよう緩やかに入れてあげてください。屋外では繁殖などを行っていくと数多くのメダカを飼育することになるため、酸欠防止のためにエアレーションを使いましょう。

▲雨などで水があふれないためにトロ船に穴をあけます。穴をあける際、真横に穴を開けるのではなく角度を付けて内側から斜め上方向に穴を開けてください。それだけでメダカが流れ出る事を防げます。

トロ船には日よけが必要

　屋外飼育では、必ずトロ船に日よけが必要になります。よしずは大雨の時や夏の暑い日の日よけで活躍します。そして、メダカは隠れて休む習性があるために、よしずの陰が安息の場となります。

　メダカ自体は急激な環境変化に弱いという特徴もありますが、緩やかな水温、pH、塩分などの環境変化には強く適応範囲が広い魚です。しかし、大雨の際や気温が40℃を超えるような真夏日にはよしずだけでは対応できないので、設置場所を決める際には豪雨や遮光についてもあらかじめ想定してからにしましょう。

屋外飼育も水換えは必要

屋外飼育を行っている方と話をすると、バクテリアを投入することなく、さらに水換えも一切していないということをよく聞きます。

どんな飼育専門書でも、1カ月に複数回の水換えをしましょうと記載されています。それなのになぜ、半年も1年も水換えをしないで飼育することができるのでしょうか。もしかしたらずっと水換えをせずに飼えるのでしょうか？ 答えはNOです。屋外の飼育環境をイメージしてください。

水換えの理由は、毒素を薄める行為です（バクテリアを投入して疑似的に自然環境を作り上げる自然浄化水槽については、94〜109ページを参照ください）。バクテリア環境が整っていない屋外水槽では、フンや死骸などの毒素は日々蓄積されていきます。アンモニウムイオンが大量に発生すれば、メダカはすぐに死んでしまいます。

このアンモニウムイオンはバクテリア環境が整っていると硝化菌によって

亜硝酸イオン→硝酸イオンへと毒素の低いものへと分解されていきます。バクテリアというものは空気中に舞っていて、水面に触れる事で水中に溶け込んでいきます。風などによって水面が揺られていると、より多くのバクテリアが酸素とともに溶け込んでいきます。

水表の揺れが少ないとバクテリアは溶け込みにくいことから、屋外水槽にはエアレーションをかけてあげる必要があります。すると、水中に溶け込んだバクテリアが時間とともに活躍を始めます。このバクテリアが毒素を分解する硝化作用を実現していきます。

 赤玉土の役割は?

屋外で飼育をしていると、自然と水槽内にバクテリアが充満した環境が整ってくるはずです。バクテリアは赤玉土の内部に棲みついていきます。バクテリアが棲みつく場所をたくさん作るために赤玉土を入れています。

トロ船内にはたくさんの赤玉土が

▲多孔質な石（命水石）をネットに入れてバクテリアの棲みかにすれば、水槽を洗う時に赤玉土やソイルを使うより楽です。

入っているので、バクテリアの活躍する環境ができ上がります。海や川を想像していただければ分かりますが、水底には石や土があり、そこにバクテリアが棲みついて活躍しているのです。

しかし、屋外水槽は自然と同じような窒素循環が達成するわけではありません。毒素の分解も硝酸イオンまでとなります。硝酸イオンまで分解されていれば毒素は微弱なため、メダカへの健康被害はほとんどありません。

しかし、硝酸イオンもやがて蓄積され致死量まで達することを知る必要があります。硝酸イオンを無害化するのは脱窒細菌のみであり、この菌は空気中に舞っているものではないのです。

ですから屋外で長期維持が可能となったとしても、永続的には不可能です。問題なのはそれが3カ月なのか半年なのか、硝酸イオンの蓄積は毒素の測定を行っていかなければなりませ

ん。長期の屋外飼育は手間もかからず、維持が楽なのですが、硝酸イオンが致死量に達した瞬間、一晩にして全滅してしまうことがあります。

バクテリア命水液を投入する

屋外は雨や水槽内にある植物の数などにも影響を受けるため、確実な方法というものはありません。屋内水槽で自然浄化水槽で作ったバクテリア命水液（硝酸イオンを窒素へ還元するバクテリア）を、安定してきた屋外水槽に毎日投入していくと比較的安全に長期維持が可能になります。

屋内で作り上げる自然浄化水槽は自然環境の影響をほぼ受けないために安定しやすいですが、屋外の場合は雨の質にも強く影響を受けますので、バクテリア命水液を入れたとしても、注意深く観察する必要があります。

屋外メダカの飼育のコツ

**屋外飼育で発生するグリーンウォーターとは
メダカにどんな影響をおよぼすのでしょうか。**

メダカの「ぬめり」は 身を守る粘膜

　屋外飼育のコツは、あまり過干渉にならないようにすることです。メダカの飼育を始めると、かわいいからといって、ついついエサを与え過ぎてしまったり、網で何度もすくったりしてしまいます。

　メダカの体表にはぬめり「粘膜」があり、この粘膜が外傷から身を守っています。しかし、網で何度もすくうことによって、この粘膜がはがれて体に傷がついてしまうことがあるのです。

▲メダカの粘膜を傷つけないように注意して飼育しましょう。

　外傷が原因で水カビ病などの感染症にかかることもあり、その原因である病原菌は多かれ少なかれ水槽の中に存在します。最も安全なメダカのすくい方は、水槽内に小さな容器を入れてそこに追い詰めて水ごとすくいあげる方法です。しかし粘膜があることから、目の細かい優しい網を使い、一日に何度もすくうことをしなければ、メダカに傷がつくことはありません。

グリーンウォーターのメリット

　メダカを屋外で飼育していると、植物性プランクトンが発生して、緑色の水になります。プランクトンも自然発生するわけではなく、病原菌などと同じで風に乗って水中に入り込んできます。なお、もともとの水にも微量な藻類が含まれているそうです。

　メダカのエサなどにはリン酸やカリが多く含まれているのと、硝化作用によって分解される窒素化合物が生まれ、水槽内に植物の三大栄養素である窒素・リン酸・カリが水の中で豊富に

生成されます。

　植物性プランクトンは光合成をして増えていくため、富栄養化された水の中で植物性プランクトンは一気に増えていきます。

　このグリーンウォーターは鑑賞には向いていませんが、メダカにとって悪いものではありません。植物性プランクトンはメダカのエサになり、特にエサを食べることが苦手な稚魚をグリーンウォーターで育てると、生育速度が速まります。

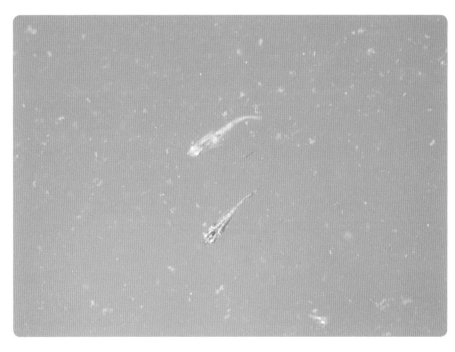

● グリーンウォーターになるしくみ

下記の3条件が整い、グリーンウォーターが生成される。

1　空気中の植物性プランクトンが風とともに水槽内に混入

2　メダカのエサとフンによって植物三大栄養素の窒素・リン酸・カリが植物性プランクトンに供給される

3　植物性プランクトンは日光を浴びて増えていく

屋外でのエサのやり方

**エサのやり方は季節やメダカの状態で
変えていく必要があります。**

 ## エサは多過ぎても少な過ぎてもダメ

　屋外飼育も屋内飼育も、1日に2回
程度のエサやりが必要です。忙しい方
は1日1回でも大丈夫で、1分以内に
食べきれる量が目安です。

　エサは多過ぎても少な過ぎてもダメ
です。時間的に余裕がある方は1日
に少ない量を複数回（4〜5回）与え
るのが好ましいです。水温が高い春夏
はメダカの活性（運動量）が上がるた
めにエサは多く与えなければなりませ
んし、冬は水温が低くなるのでエサの
量は少なくなります。また、季節に応
じて与える量が違います。冬眠の時期
（東京だと12月中旬〜2月いっぱい）
はエサを与えません。メダカの体の特
徴を知れば与え方が分かります。

 ## メダカは無胃魚

　メダカは無胃魚といわれる魚であ
り、口から入ったエサを胃に貯蔵する
ことができません。消化管しかないた
め、栄養の吸収量が低いという特徴が

あり、少ないエサを複数回にわたって
与えることが重要です。1日2回、1
分間で食べきる量というのは、あくま
でも参考程度にお考えください。

　そして、飼育する上で複数回のエサ
を与える時間的余裕のない方は、一度
に多めに与えがちですが、それは止め
てください。

　繰り返しますが、メダカは無胃魚で
あり、食べ物を体に貯蔵することがで
きません。体内には胃と腸のはたらき
をする「消化器官」というものがあり
ますが、食べてから排泄までの時間が
短いため、一度に多くエサを食べても
吸収しきれず、多過ぎる量だとその消
化器官を傷つけてしまいます。また、
食べ残しのエサは腐って毒素となり水
の劣化を招いてしまいます。

 ## 痩せて安易にエサを増やすのはNG

　エサの与え過ぎ以外で消化器官を傷
つけるものは、硝化作用によって生み
出される硝酸イオンといわれていま
す。植物や脱窒環境がないと硝酸イオ

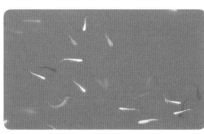

▲水温が上昇しメダカの活性が上がったとき、エサの量は増やさず与える回数を増やすこと。

ンが過剰となり「痩せ病」を引き起こします。

　硝酸イオンによって壊された消化器官は、エサを吸収せず、メダカはどんどん痩せてきます。その理由を知らないと、エサが足りないと思ってしまい、さらに多くのエサを与えてしまうことになります。

　そして、最終的にはメダカは死んでしまいます。硝酸イオンによって弱ったメダカは、逆にエサ止めをして消化器官を休めなければなりません。

　また、室内で飼育している場合は、痩せ病のメダカを屋外に出しグリーンウォーターを使って日光のよく当たる環境で様子を見ましょう。

　1週間はエサ止めをして、そこから少しずつ微量のエサから食べさせるようにします。良くなるまで最低でも1カ月はかかります。

自然界のメダカを想像する

　このエサ止めは、私の飼育方法には

とても重要です。野生種とは違い、毎日のように豊富な栄養が与えられる環境は不自然な環境であるともいえます。改良メダカも野生種の末裔であり、良い個体を作るには、人為的にエサを与えない日を作り、消化器官を休めることが大事になるのです。そのため、私は月に1回はエサをまったく与えない日を決めています。餌止めの翌日にエサを与えると、エサへの反応も良くなります。

　トロ船内にヒーターを入れてメダカの活性を上げたり、LEDランプなどを使って産卵を促したりする方法もありますが、強い健康なメダカを育て上げるには、あまりに過保護な環境ではなく、自然に近い環境を意識することが大事なのです。そして、四季の変化を感じさせることも、強く健康な個体を作るポイントであると思います。

　東京では12月中旬から2月いっぱいは気温が下がり冬眠の時期となります。強い個体を作るには四季を体感させることも大切だと感じています。冬眠から覚めて春を迎えたメダカはまた強い生命力を発揮します。冬眠中の時期に暖かい日があったとしてもエサを与えてはいけません。日中、春と勘違いして水面に上がってきても夜には真冬の気温に戻りますので、昼間にエサを与えてしまうと消化できず、最終的には死んでしまうこともあります。

屋外での水の管理

**水の管理の注意点をしっかり学べば
屋外飼育は誰でも簡単に行えます。**

 ## 水槽内の環境作りを理解する

屋外飼育は屋内飼育よりも、日光の恩恵と空気中のバクテリアが自然と水槽内の環境を作り上げてくれるので飼育は容易です。しかし、そのしくみを理解しないと理由も分からず全滅させてしまうこともあります。つまり、すべての水槽がバランスよく最適な水になるわけではないことを知った上で飼育しなければなりません。

屋外での水換えは屋内ほど神経質になる必要はありませんが、硝酸イオンは必ず蓄積しますので、1カ月に一度は水換えをしてください。また、水槽内に糸状のアオミドロに気づいたら除去するなどの管理は行ってください。アオミドロにメダカが絡まって死んでしまうことがあります。

「屋外飼育の注意点」でも説明しましたが、梅雨の時期はある一定の水位になったら水が排出されるような工夫

◀アオミドロは、水質が良いとどんどん伸びていきますので気づいたら取り除くようにしてください。

▲とても簡単な装置だけで、たくさんのメダカを安全に飼育する事ができます。

がされていないと、水とともにメダカがあふれてしまうことがあります。

　夏場の水温対策はよしずだけでなく、エアレーションも水温を下げる効果がありますので上手に使いましょう。

　繁殖を楽しむのであれば、生まれてくるところから死にゆくところまで責任を持って飼育しましょう。

メダカにとって心地良い環境を用意する

　メダカは日本の魚のため、春夏秋が活動期で冬は冬眠をします。寿命は2年ほどといわれています。自然界は飼育下よりも過酷な環境にあるためにそれよりも短い一生となります。

　飼育下のメダカが長く生きるからといって、強い個体であるという意味ではなく、栄養価の高いエサを日々与えられ、外敵もいないので長く生きられているということです。

　メダカにとっての理想環境とは、自然環境です。ペットとしての飼育においても、できる限り四季をメダカに感じてもらうことや、冬眠も経験させることが大事だと思います。自然から離れた環境でペットとして飼育しているわけですから、少なくともメダカにとって心地良い環境を用意することは飼育者の最低限の責任だと思います。

メダカの卵が空を飛ぶ？

　メダカが生息していない池に、突然メダカが泳ぎ始めたという話を聞いたことがありますか？

　誰かが放流したのでしょうか？　何もない池にいきなりメダカが誕生するということはあり得ません。何かによってメダカは運ばれてきたのです。

　人の手によって放流されていないとしたら、何が考えられるでしょうか。その池には水鳥が泳いでいます。メダカの卵には粘着性の糸（付着糸）があり、水草などに絡みます。水鳥はエサを探して池から池へ移動する際に、もしかしたら水鳥の足にメダカの卵が付着して水鳥とともにメダカの卵が空を飛んだのではないでしょうか。

　植物の種は、どのように広がっていくと思いますか？　果物を例にして考えてみましょう。

　果物はなぜ甘く美味しいのでしょうか。それは動物に食べてもらうために実を付けているのです。果実の中には種があり、それを食べた動物は動き回ってどこかでフンをします。未消化の種はその地で芽吹く事になるのです。

　たんぽぽだって綿帽子となり風に乗ってどこかで芽吹きます。このように動植物の生命の広まりを想像してみると、偶然ではなく生まれる前から種を残す進化を遂げてきたものが、今この世の中にいるのだろうと感じます。メダカの付着糸は水草に絡ませるだけでなく、実は種を広く分散させるためにあるのかもしれません。

第5章

飼育に役立つ観賞水草

05 飼育に役立つ鑑賞水草

水草について

**光合成を行う水草が元気に育っている
ということは、水質が良い証拠です。**

水草はメダカの安息の場所

メダカ飼育においての水草の役割は、水槽内を美しく飾るだけでなく、メダカに隠れ家となるような安息の空間を与えるという意味合いもあります。

メダカは外敵から身を守る習性があるため、水槽で私たちにつねに眺められていることもストレスになるでしょう。自然界では水草が茂っている川縁に生息していて、卵も水草へ産み付けるため、ベアタンクのように何も入れずに飼育する方法はメダカにとってはかなりストレスがかかる環境といえます。メダカにとって、ストレスは病気を引き起こし短命となる原因になります。

水を可視化する役割も

もう一つ、水草には重要な役割があります。それは水の可視化です。私は水質の良し悪しを水草や原生生物であるミジンコなどを使って判断します。つまり、水質を見るときは、まず、目で水草の状態を見ます。そして臭い、さらに水に触れてみます。

水作りをしているとき、まだ水槽内に毒素とバクテリアの良いバランスが保たれていないときなどは、水にトロミが出てきたりします。バランスの取れた良い水にエサを入れると水表にぱっと広がりますが、毒素とバクテリアのバランスが取れていないと白濁（白っぽい濁り）やトロミが生まれ、エサは広がりません。

白濁の状態になったら…

白濁は水槽内にいるバクテリアが死んでしまっている状態で、白濁という形で目に見えてきます。白濁がなくとも水にトロミや油膜のようなものが見える場合は、アンモニウムイオンや亜硝酸イオンが過剰にある状態です。つまり源命液がはたらいていないために毒素が分解されず、水は白濁やトロミという形で水質の悪さを表現します。

これは、水作りを行っている最中はよく起きる現象です。ちなみに水作り

▲水槽の中にいるメダカだけでなく、水草も水質を教えてくれます。

▲水槽の中にいるメダカだけでなく、水草も水質を教えてくれます。

の際のポイントは、アンモニウムイオンや亜硝酸イオンの数値が高くても、水換えを行わないことです。白濁の状態になった場合はバクテリア源命液を投入してエアレーションをかけます。

 分解が進むと水草にハリとツヤがでる

バクテリアがはたらきはじめると、源命液に含まれる納豆菌が有機物の分解を行うために白濁（バクテリアの死骸）を分解し、透明度が上がってきます。硝化反応が進むと同時に水のトロミも解消されていきます。そして、硝酸イオンまで分解が進むと植物は一気に活性が上がり、水草にハリとツヤが出てくるのです。この際に必要なの

はLEDライトで、しっかりと光合成をさせましょう。水槽を見たときに、メダカの動きだけでなく水草を見ることで硝化作用の状態を確認することができます。バクテリアがバランスよくはたらく水槽は透明度があります。しかし美しい水槽でも水草の状態が悪ければ硝酸イオンが生成されていないということなのでバクテリア投入の判断をしてください。硝化作用が進みpHが6.5以下になると硝化反応は停止します。しかし脱窒や窒素同化によってpHは上がっていきますので、青木式自然浄化水槽のバランスが整うと、pHが7〜8のあたりで推移します。水草による水質の可視化の意味が実体験で分かるようになれば、アクアリウム上級者といってもいいと思います。

メダカ飼育で使う水草

〜初級編

水草はメダカが育つ水槽を
より一層美しく彩ります。

| マツモ | アナカリス | アマゾンフロッグピット |

メダカ飼育の水草といえば、上記の3つが思い浮かびます。安価であり、どこでも購入できる水草です。これらは水槽内に植え込むというより水槽内に浮遊させておけばいいものです。

アマゾンフロッグピットは浮き草で、水が良いと株がどんどん増えていき、同様にマツモやアナカリスも成長していきます。あまりに茂ってしまうと、メダカの悠々と泳げるスペースがなくなってしまうため、必ず間引いてください。

マツモ

▲メダカを販売している所なら、どこでも購入が可能な最もポピュラーな水草です。

アナカリス

▲マツモと並び、メダカ飼育で人気のある一般的な水草です。

アマゾンフロッグビット

▲浮き草の代表格であり、水質が良いと株が増えていきます。

メダカ水槽をより豊かに

～上級編

近年種類も豊富になり、色味も鮮やかに
なった水草たちを紹介していきます。

前 景	キューバ・パールグラス	ニューラージ・パールグラス
リシア	グロッソスティグマ	エキノドルス・テネルス
ヒドロコティレ・ミニ	ショート・ヘアーグラス	ウォーターローン

 ## 水草の種類は無数にある

　メダカの飼育が慣れてくると、より水槽内の水草や景観を考えるようになると思います。水草にも特徴があり、水槽内に浮かべて楽しむタイプの他、ここで紹介するような景観を作る水草もあります。

　ひとえに水草と言っても種類は無数にあり、ソイルや水の環境によってもしっかり育つ水草とそうでないものがあります。水草によっては好むpHや水の硬度が違い、ここでは「青木式自然浄化水槽」に適した水草を紹介していきます。

 ## 成長に合わせて前景・中景・後景に分類

　水草の成長に合わせて、前景・中景・後景に分けました。前景は上に伸びるより、ランナーといってソイルにそって広がっていくものです。

　中景も高く伸びる水草ではなく、水槽の中間部分で広がるように成長するもので、後景は水槽の背面で高く成長していく水草です。

　水草の種類によっては緑色だけでなく、黄色や赤く色づく鮮やかなものもあります。私は鮮やかな色の水草だけでなく、渋い黄色や赤茶の水草を部分的に使うことが多いです。こうした配色は、水槽の景観に合わせて選択します。

石を使う水槽の場合はあまり鮮やかな水草とは相性がよくありません。また、色の白っぽい流木を使う際には鮮やかな色合いがマッチします。それ

ぞれ好みがあると思いますから、どのような水景を作りたいかをご自身でイメージしながら水草を選んでください。

キューバ・パールグラス

▲小さな葉が繊細な印象を与えます。根が短いので、やや深めに植栽。

ニューラージ・パールグラス

▲ほふくしながら成長し、底床を美しく覆います。キューバ・パールグラスよりも簡単に根付き、維持しやすいです。

リシア

▲光合成による酸素の気泡を楽しめる、とても美しいコケ植物の一種です。前景草としても活躍しますが、浮かび上がることが多く、しっかり根付かせることが難しい。

グロッソスティグマ

▲成長も早く育成しやすい。ビギナーにおすすめの前景草で、分枝をしながら増えて水底を覆います。

エキノドルス・テネルス

▲密生した様子からは野趣が感じられます。石組レイアウトで使いやすい水草の一つ。葉の色もグリーンからピンクと幅があり、自然感を出すには優れていて使いやすい水草です。

ヒドロコティレ・ミニ

▲やや小振りの葉がかわいらしい。ヒドロコティレの仲間で弱光下では立ち上がってくるため、光量の大きいLEDが必要です。小さな水槽の景観作りでは使いやすいといえます。

ショート・ヘアーグラス

▲通常のヘアーグラスより草丈が短く、巻くように育つ傾向があり前景草として活躍してくれます。

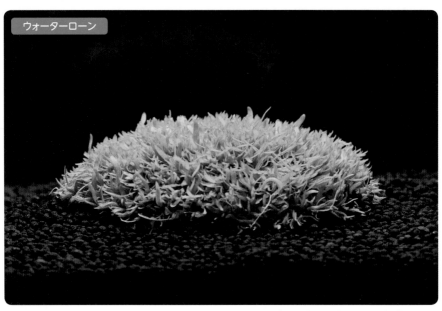

ウォーターローン

▲高い密度で葉を茂らせるのでレイアウトの下草に適しています。食虫植物で地中茎に捕虫嚢（捕虫のための器官）を持つが、エサの供給も必要なく前景草として活躍します。

中景	ピグミー・マッシュルーム	クリプトコリネ・アクセルロディ	クリプトコリネ・ウェンティ グリーン

クリプトコリネ・ウェンティ ブラウン	パールグラス	スタウロギネ・レペンス

アラグアイア・レッドシャープ リーフ・ハイグロ	アヌビアス・ナナ プチ	ラゲナンドラ・ケラレンシス

ラゲナンドラ・ミーボルディレッド	アルテルナンテラ・レインキー ミニ	ロターラ・マクランドラ	スターレンジ

ピグミー・マッシュルーム

▲草丈の低い下草とともに中景に配植するのに適していて、可愛らしい雰囲気です。これだけだと茎部分が寂しく見えるので、ショート・ヘアーグラスと併用するのがおすすめ。

クリプトコリネ・アクセルロディ

▲クリプトコリネの仲間で、水中・水上で葉を切り替える強い陰性植物です。配置した流木のそばに植栽すると良い雰囲気になります。

クリプトコリネ・ウェンティグリーン

▲緑色の葉のクリプトコリネで、光もそれほど必要ないので育てやすい。

クリプトコリネ・ウェンティブラウン

▲光量があると褐色の色合いになります。弱光だと緑色になるため、LEDライトで前景草に加え、緑と褐色の色合いを楽しむのが良いでしょう。

パールグラス

▲中景で使いやすい小型の有茎草。水質は酸性に傾かないように注意が必要です。トリミングによって整えて使うことをおすすめしています。

スタウロギネ・レペンス

▲成長が比較的遅く草丈が高くなりにくいため、石組レイアウトにも向いています。丈夫なので扱いやすい水草です。

アラグアイア・レッドシャープリーフ・ハイグロ

▲褐色系の葉が印象的な有茎草。茎の部分が分枝して低い茂みを作ります。中景に丁度良い高さで光が重要です。

アヌビアス・ナナ プチ

▲ナナの極小品種。流木や石などに活着させて使うことで大活躍します。

ラゲナンドラ・ケラレンシス

▲渋めの色味で、和の雰囲気を出すときに活躍します。水質の急変には弱く、根をしっかり張らせてから使うと良いでしょう。

ラゲナンドラ・ミーボルディレッド

▲丈夫な植物で、光量を上がれば葉は赤みを帯びます。他の水草とのコントラストで水槽全体を引き立てます。

メダカの生態

自然環境とバクテリア

室内での飼育方法

屋外での飼育方法

飼育に役立つ鑑賞水草

めだか盆栽の魅力

青木式ミジンコ連続培養

メダカの繁殖

遺伝のしくみ

ワンポイントQ&A

アルテルナンテラ・レインキー ミニ

◀ 赤く葉が大きく茂みを作ります。レイアウトの中心的な位置に据えるのがおすすめ。

ロターラ・マクランドラ

◀ 葉裏がピンクで葉のサイズも小さめ。緑の明るい水草と相性が抜群で、レイアウトの華として活躍します。

スターレンジ

◀ らせん状に葉を付け、真っすぐ伸びていきます。密集してうまく育てられると美しい中景草として活躍します。

メダカの生態

自然環境とバクテリア

室内での飼育方法

屋外での飼育方法

飼育に役立つ鑑賞水草

めだか盆栽の魅力

青木式ミジンコ連続培養

メダカの繁殖

遺伝のしくみ

ワンポイントQ&A

後景	ロターラ・マクランドラ sp. ミニ	ロターラ sp. ベトナム
ニードルリーフ・ルドウィジア	ルドウィジア sp. スーパーレッド	

ロターラ・マクランドラ sp. ミニ

▲ロターラ・マクランドラの小型種。条件の整った環境であれば、育成は難しくありません。

ロターラ sp. ベトナム

▲葉が細かく繊細で緑からオレンジ色までの幅があります。茎が赤いのが最大の特徴です。

ニードルリーフ・ルドウィジア

▲赤く染まる有茎草。針のような細い葉が特徴でめだか盆栽の背景で活躍します。

ルドウィジア sp. スーパーレッド

▲条件に左右されず水中葉が鮮やかな深紅に染まります。赤系水草の代表格で、葉のサイズが小ぶりなのも人気の要因です。

05 飼育に役立つ鑑賞水草

流木や石に活着させるモス類

コケのむす岩組は、和庭園の美しさの象徴です。
めだか盆栽で和の景色の表現に用います。

岩や石に活着させてレイアウトする水草

　モスは、ソイルに埋めるタイプの水草ではなく、岩や石に活着させてレイアウトする水草のことです。そのため、まずは水槽の中で、流木や石に糸でモスを巻きつけて置く必要があります。モスが活着するまでの期間は、おおよそ2週間～1カ月程度が目安です。

　活着させる素材としては、流木の他にも、溶岩石や木化石なども考えられます。石であっても、表面がざらざらしているものであれば、基本的には活着してくれます。アクアリウム用として販売されている石には、基本的には活着してくれるはずです。

　こうした活着水草は、植え込まなくても設置するだけでレイアウトとして活用できるのが魅力といえます。

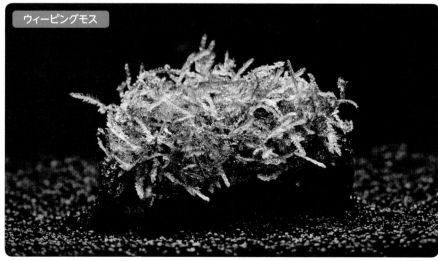

ウィーピングモス

▲やわらかな質感と、垂れ下がって成長する特性を生かして高い位置の流木に活着させて使います。

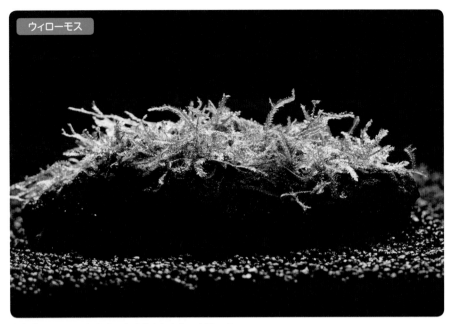

ウィローモス

▲定番のモスで、初心者でも手を出しやすい水草です。

クリスマスモス

▲ウィローモスやウィーピングモスのようなやわらかい印象とは違い、鋭い形状をしています。

プレミアムモス

▲細かい葉が特徴的なモスです。

南米ウィローモス

▲水生コケで、ウィローモスは細かい葉が絡み合って成長しますが、南米ウィローモスは三角形の形状で成長します。成長速度はウィローモスに比べて遅いです。

メダカの生態

自然環境とバクテリア

室内での飼育方法

屋外での飼育方法

飼育に役立つ鑑賞水草

めだか盆栽の魅力

青木式ミジンコ連続培養

メダカの繁殖

遺伝のしくみ

ワンポイントQ&A

エアレーションの話

　水槽内に入れるブクブク…。どのように水に酸素が取り込まれているのでしょうか。

　アクアリウムをやっていると、結構間違った解釈をされている方が多いです。

　まず、水と空気が触れ合って酸素が水に溶け込むというのがそもそもの原理です。

　水表でブクブクと泡がはじけることでも酸素は水に溶け込みます。そこで水表近くにブクブクを設置する方もいますが、これはあまり意味がないのです。確かに水面の軽い揺れでも酸素は入りますが、水槽の端の部分だけブクブクしている状態では水表全体はほとんど動いていない状態になります。

　ではどうやったら、多くの酸素を水に溶け込ませることができるのでしょうか。

　エアレーションの意味は、ひと言でいえば「撹拌」です。水槽内の水が回ることによって、水槽内の水が水表に何度も触れていくことが大事です。これがエアレーションの効果です。

　青木式自然浄化水槽では、植物が光合成をするためにエアレーションは不必要です。光合成で作られる酸素量はエアレーションより少ないのではと思われるかもしれませんが、その逆です。水草の光合成によって溶け込む酸素濃度はエアレーションより高くなります。光合成をしている水槽内でエアレーションをすると逆に酸素が逃げていきます。

第 6 章

めだか盆栽の魅力

めだか盆栽とは

めだかやドットコムが創造した、
新しいアクアリウムの形「めだか盆栽」です。

 盆栽は自然を表現する芸術

　盆栽とは小さな盆に好みの樹を植え、自然を表現する芸術です。盆栽には「仕立て」というものがあり、植物を育てながら剪定をして仕上げていきます。ありのままの自然を見せるのではなく、植物の美しさや厳しさをその佇まいから魅せることが評価の基準とされるわけです。

　盆栽を育てるためには、仕立てのセンスだけでなく、まずその木が土に根付き、育つ環境がなければなりません。良い盆栽を作るためには土の重要性を知ることになり、鉢に植える土を「盆栽用土」といいます。樹木を支える根は、栄養分を供給する大事な役目があります。これらの環境を整わせながら成長させることで、理想の世界観を作り上げます。

 水の中で作り上げる芸術

　メダカの水槽作りを行っている中

◀日本の伝統である盆栽をアクアリウムと融合させ、土作りから植栽、そして土に根付かせます。

めだか盆栽の定義

ガラス水槽内に水草や流木・石を使って作り上げる盆栽

① メダカが隠れる茂みと泳ぎ回る空間があること
② 水草育成に化学肥料は使用しないこと
③ 水を張って即日メダカ飼育が可能であること

で、私は盆栽との共通点の多さに気づきました。

　鉢の上で作る芸術と、水の中で作り上げる芸術。私はガラス水槽の中に定義を作り、水槽内に植栽をして流木や石とのバランスを考えてメダカが泳ぎ回る空間を作ります。その過程で、私は知らない間に水槽の中に盆栽を作っていたように感じました。そこで、私

が作る水槽に「めだか盆栽」という名前をつけ、発表（商標登録）することにしたのです。

　めだか盆栽とは、ガラス水槽内に水草や流木・石を使って作り上げる盆栽であり、私はめだか盆栽に３つの定義を作りました。メダカが好む自然環境が定義のもととなっています。

◀メダカが生息する環境ができることを想定して植栽します。水を張れば即日メダカの飼育水槽となります。

めだか盆栽の作り方

源命液と命水液を使って、水草を植え込んで根付かせます。
畑を耕すイメージで、ソイルを肥沃な土壌に変えていきます。

 ①ガラス水槽内にソイルを敷く

めだか盆栽の作り方を紹介します。

まず、ガラス容器を用意します。そのガラス水槽内にソイルを敷きます。

ソイルは2層にします。下の層は粒の大きなソイルを2cm程敷き、上の層はパウダーソイルという粒の細かなものを使います。

栄養系ソイルを使いますが、このソイルはミネラル分などの栄養素やアンモニアを含有しています。ソイルとは土を焼き固めたものであり多孔質の土の粒とお考えください。

 ②土作りを行う

最初に行うのは土作りになります。ここで、農業における肥沃な畑作りをイメージしましょう。米や野菜を作る上で栄養を供給する土は命といえます。肥料を入れて土を耕し牛糞などを入れて肥沃な土壌を作り上げます。

基本的にめだか盆栽においても、植栽するまでに時間をかけ、ソイルを用いて土作りを行います。

まず下層には、大粒のソイルを使い、そこにバクテリア命水液をしみ込ませます。命水液は嫌気性バクテリアなので、地中奥深くに存在する菌です。この菌は水の中でしか生息できない菌です。

次に、目の細かいパウダーソイルを2cm程下層にふたをするように敷き詰めます。下層は嫌気層なので酸素が欠乏するような状態となり、菌がうまくはたらきます。上の層には源命液の希釈液をしみ込ませていきます。

しっかり上の層が湿ってソイル全体にいきわたり、表面が一帯に水が薄く張る状態まで湿らせましょう。

 ③バクテリアの定着をはかる

その状態で水槽上部にラップを張り、水分が飛ばないように密閉します。自然の土壌も表面は細かく深くなるにつれて目が粗くなっています。

このまま1週間ほど放置して、バクテリアを定着させます。ソイルは粒

めだか盆栽を作る上で必要なもの

▲ガラス水槽

▲ソイル

▲水草各種

▲流木

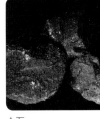

▲石

▲綿素材の糸

▲ハサミ

▲ピンセット

▲ブッパ

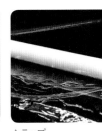

▲ラップ

▲源命液と命水液

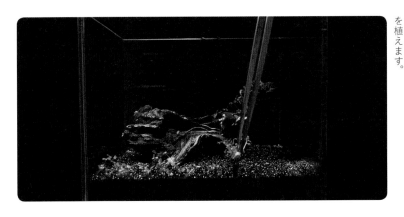

◀ソイルの毒素が分解されて栄養に変わっていくと植物は根を伸ばしていきます。まず植物の特性を理解して、前面は背丈の低い水草を植えて背面は高く伸びる水草を植えます。

状になっていますが、多孔質で小さな穴が無数に開いています。その小さな穴一つ一つにバクテリアが棲みついていきます。

 ④種まきや水草の植栽を始める

ソイル一粒に無数のバクテリアが棲みつくため、ソイルが多いほうが圧倒的にバクテリアの生息数が増え安定した環境となります。

そのため、めだか盆栽では通常のアクアリウム水槽と比較してソイルをかなり厚く敷きます。

できれば試薬を使い硝化作用を数字で確認しアンモニアが分解されているのを見極めてから種まきや水草の植栽を始めます。

この土作りをすると根が強く長く張り、水草がソイルに深く根付きます。

 ⑤ 水を張った即日に　　メダカを泳がせてもOK

めだか盆栽では、まずガラス水槽内に時間を掛けて植栽をして水草の安定的な育成環境を作り上げます。

水草で作る盆栽として水を張らず楽しむこともできますし、しっかり根付いてから水を注いでいくために、水草が浮き上がってしまうこともありません。

バクテリアによって作り上げていますので、水を張った即日にメダカを泳がせても生体への悪影響はなく、バクテリア環境の整った透明度のある美しい水槽が立ち上がります。

 ⑥エアレーションをかける

メダカ飼育を開始したら、しばらくの間エアレーションをかけてバクテリア源命液が定着し、メダカのフンやエサの食べ残しがしっかりと分解されているか試薬を使って測っていきます。

硝化作用が実現していたら、LEDライトによって水草が光合成をして酸素を供給するのでエアレーションは取り除きます。

めだか盆栽の中に入れるメダカの数は1匹／2ℓを目安にして、日々の管理はバクテリア命水液をエサのタイミングで少量入れる（10ℓの水槽に対して10㎖程度）だけです。

すると、日が経つにつれ水草が育っていき、メダカの自然環境を定義に作り上げているため、3カ月ぐらい経つと美しく伸びためだか盆栽の水草と悠々と泳ぐメダカが織りなす芸術が完成します。その後は水草の剪定を行うなどの仕立てが必要になってきます。

▲流木の後ろに後景草が植えられていて、水を入れて 3 カ月もすると流木を覆うように水草が伸びていきます。

▲めだか盆栽の魅力は、メダカを眺めて作り上げる継続の美です。

メダカの生態

自然環境とバクテリア

室内での飼育方法

屋外での飼育方法

飼育に役立つ鑑賞水草

めだか盆栽の魅力

青木式ミジンコ連続培養

メダカの繁殖

遺伝のしくみ

ワンポイント Q&A

めだか盆栽に水を注ぐときは？

めだか盆栽の中に水を注ぐときに、ビニールを使い水槽内のソイルが舞わないように工夫をする必要があります。

ゆっくり水を注ぎ、水槽内の景観が崩れないように細心の注意を払ってください。

水は、水槽の上縁から3㎝下あたりまで注いでいきます。エアレーションは入れませんが、緩やかな水の循環が必要なので循環器（注1）を設置します。循環器がない場合はエアレーションを緩やかにかけましょう。

▲（注1）アクアブランドADAから販売されているブッパ。水槽内の水を撹拌させるために使用しています。

 ## 源命液：命水液は1：5の割合で

水の透明度が高いめだか盆栽には、メダカを即日入れることができます。めだか盆栽を育成してきているため、ソイルにはバクテリア源命液とバクテリア命水液が棲みついているので、メダカを飼育していけばバクテリアは活性化し、水はより輝きを増していきます。

日々の水の管理ですが、水を立ち上げてから3日間はバクテリア源命液とバクテリア命水液の両方を使います。30㎝のキューブ型のめだか盆栽の場合、バクテリア源命液：バクテリア命

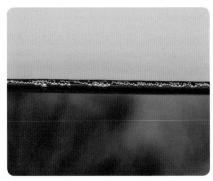

▲（注2）複合性バクテリアが活性化すると水表に小さな泡が発生する。

▼めだか盆栽は注水が最も難しい作業になります。ビニールを敷き、ほんの少しの水で注水する必要があります。

◀注水後は水中に舞っている水草の端切れを網でゆっくりすくってきれいにしましょう。

水液＝1：5の割合で投入しましょう。バクテリア源命液の量は5ccほど、バクテリア命水液は25cc程度を投入してください。

3カ月ほどでめだか盆栽の本領発揮

　その後は水表の縁を見ましょう。バクテリア源命液がはたらいていると、水表の縁に細かな泡が現れます。（注2）この泡が現れたら翌日からバクテリア命水液のみ1日1回5cc入れるだけとなります。それ以外は普通にメダカのエサを1日2回、少量を与え普通にメダカを飼育してください。

　メダカのフンはバクテリアのエサとなり、植物の栄養素となります。良い環境が整えば水草はどんどん成長していきます。3カ月ほどするとめだか盆栽の本領発揮です。メダカの隠れ家となる茂みと空間が現れ、美しい水槽となります。伸びてきた水草はカットし、より良い景色になるように仕立ててください。

◆めだか盆栽の作品いろいろ

赤や黄色に色づく水草を混ぜながら完成形を予想し、実際に仕立てていきます。植物だけでなく流木の形状、土から植物や石、樹木の美しさを知り、環境のバランスと枝葉のバランスを考えながら、自分好みの景色を作り上げていくのが「めだか盆栽」です。

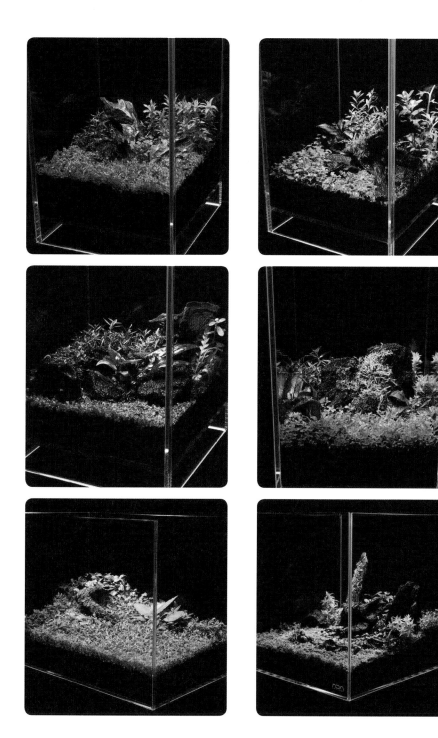

めだか盆栽の魅力

■■■ めだか盆栽の魅力 ■■■■■■■■■■■■■■■■■■■■■■■■■■■■■■■■■■

　めだか盆栽では、水を張らずに水草だけを楽しむ「新しい盆栽」としての楽しみ方もおすすめです。

　水を張らないなら、着生ランを雰囲気よく流木に巻き付けて、花を咲かせて楽しむこともできます。管理も簡単で、バクテリア命水液の希釈水をスプレーなどで霧吹きするだけです。このバクテリアの中に、植物の栄養素も十分に含まれています。

　盆栽は世界的な文化となり、『BONSAI』として世界の共通語になっています。この盆栽の文化を日本人として多くの方に魅力を再認識してもらうこと、そして日本のアクアリウムとして世界に発信していきたいという意味合いも込めて「めだか盆栽」という名前にしました。

　小さなめだか盆栽ではメダカ飼育には向きませんが、リビングを美しく演出する盆栽としては大活躍します。最小型のめだか盆栽ではメダカは飼育できませんが、水を張ってミナミヌマエビを入れて楽しまれている方も多くいます。

▲めだか盆栽の例

第 **7** 章

青木式ミジンコ連続培養

青木式ミジンコ連続培養とは

田んぼの水質をバクテリアによって再現したのが自然浄化水槽であり、その水によってミジンコの培養が可能になりました。

 ## 栄養価で活餌に勝るものはない

「ミジンコ連続培養技術」は、もともと水質浄化バクテリアを研究している際の副産物的なものでした。自然浄化システムにミジンコを投入したところ、偶然にもミジンコが増殖したのです。

昔、ミジンコは水田にたくさん湧いていたということですから、水田の水を再現したこの水ならミジンコ培養が可能になるかもしれないと考えたことがきっかけです。

ミジンコは魚のエサとして重宝されてきたもので、活餌に栄養価で勝る乾燥エサは存在しません。水質に敏感な原生生物は小型の水槽では全滅してしまうこともあり、畜養は難しいものでした。

ミジンコの培養も大きな溜池などでなければ無理であるとされてきましたが、自然浄化システムならそれが可能になると考え、小型水槽でのミジンコ培養に挑戦したのです。

 ## 水流と酸素がポイント

ミジンコが発生する場所は田んぼや川など、水の溜まり場です。ミジンコは強い水流では体が傷ついたり、死んでしまうことがあるため、水流の弱い川や田んぼなどの水の溜まり場に生息しているのです。

この環境を小型水槽で再現できなければ、ミジンコの培養はできません。

ただ、酸素が必要であるならエアレーションが必要ですが、エアレーションをかければ水流が発生してしまいます。そのバランスが大事で、できるだけ水流を起こすことなく酸素を確保することがポイントでした。

 ## ミジンコの生態を学び、特許取得へ

ミジンコ連続培養の研究の際には、ミジンコを増やしていたらミジンコが全滅し、気づいたらゾウリムシが増えていたとか、ミジンコ培養は難しく培養装置はなかなかうまくいっていないという話をよく聞いていました。そこ

で私はミジンコの生態を学び、うまくいかない理由を紐解いていく方法で問題解決をはかっていきました。

　ミジンコのエサに関しては、酵母菌が最も増殖を促すことが過去の研究で分かっていました。昔の肥料には酵母菌が豊富に含まれており、光合成細菌も自然界では水の溜まり場に増殖するため、ミジンコの増えやすい環境がで

きあがっていたようです。ミジンコのエサになるものとしては、バクテリア源命液と命水液の混合液の投入でよいと考えました。加えて、一般的に普及している培養方法の問題点にもヒントがたくさんあり、最終的に「青木式ミジンコ連続培養」の特許技術取得へとつながっていったのです。

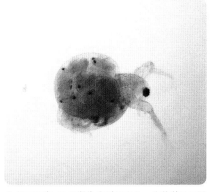

▲タマミジンコは単為生殖であり、生後約7日間で成体となり、7日以降は2日おきに数十個の子を産みます。

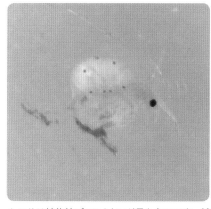

▲エサは植物性プランクトンが最も良いです。低酸素状態になると赤くなります。

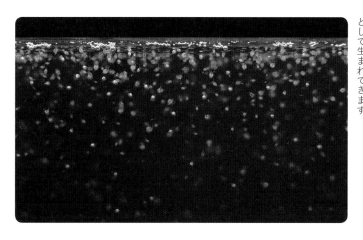

◀ミジンコは単為生殖という方法で卵（単為生殖卵といいます）を産み、オスと受精しなくても子孫を増やします。しかし、水質の環境が悪化したり、水温の低下や日照時間が短くなるとオスを産み受精卵を産みます。この受精卵を耐久卵といいます。この耐久卵は乾燥や長い月日にも耐えることができ、再度良い環境が整うとメスとして生まれてきます。

青木式ミジンコ連続培養の方法

**水が劣化せず、1年を通して室内で
ミジンコが培養できる技術をお教えします。**

活餌として最適なのはタマミジンコ

使うミジンコは、タマミジンコや大ミジンコを使います。メダカの活餌としては、サイズ感と殻がなく食べやすい点でタマミジンコが適しています。

大ミジンコはタマミジンコより強く、増殖が分かりやすいので観察には適しています。

ミジンコのエサは酵母

ミジンコのエサとしてよく聞くのが「酵母」です。今はパン酵母やビール酵母の錠剤も容易に手に入り、これらはミジンコのエサとして使うことも可能です。酵母はたんぱく質・ビタミン・ミネラルを豊富に含んでいて、ミジンコもよく増えますが、水が劣化していくデメリットがあります。

適切なエサを探していったところ、一番安定して増えるエサは、植物性プランクトンであると分かりました。

メダカを屋外で飼育して緑化した水を使うのが最も手軽な方法です。しかし、グリーンウォーターの質は一定ではありません。そこで代用するのが「生クロレラ」です。ただし、生クロレラも投入量を間違えないようにすることが大切です。生クロレラの投入は多過ぎても少な過ぎても増え方が変わりますので育てながら適量を覚えていきましょう。この植物性プランクトンはミジンコのエサなので、ミジンコが食べると緑化していた水槽が透明になっていきます。そうしたら、生クロレラを追加投入していきましょう。

ミジンコ連続培養の流れ

①グリーンウォーターを作る

まずは、カルキを抜いた水を用意します。そこに「生クロレラ」を投入しグリーンウォーターを作ります。水温は25度に設定します。

青木式自然浄化水槽では、パイプを使いパイプの中にエアストーンを落とし込みます。ミジンコ水槽での課題は水流を起こさず酸素を供給しなければならないため、パイプを使い水流の調

整をするのです。

そして、緩やかに全体の水が回るようにエアレーションの強さを調整します。水表からパイプの頭まで3cm程度で、エアレーションの強さは水槽内の水の動きを見ながら調整します。水が緩やかに回ればいいので、その他の方法でもかまいません。

②バクテリア源命液と命水液を投入

この状態ができ上がったら、ミジンコを投入します。そして、日々バクテリア源命液と命水液を少量添加し、水質管理を同時に行います。

バクテリア源命液投入の意味は、ミジンコは酵母菌を好むことと納豆菌によって水の腐敗を防ぐためです。バクテリア命水液投入の意味は、水槽内の投入する生クロレラを良い状態で保つためです。

命水液には植物の栄養素である窒素・リン酸・カリが豊富に含まれているだけでなく、生きた菌によってきれいな水質を維持し、植物性プランクトンを良質に保つために絶対的に必要なのです。

③ミジンコが増殖する

そして最後に必要なのが、LEDライトを使い植物性プランクトンであるクロレラが光合成を行えるようにすることです。ポイントは、ミジンコのエサとなる生クロレラを良質な状態で維持していくところにあります。

ミジンコが植物性プランクトンを食べると、水は透明になっていきます。水が劣化せずにミジンコが増え続けていくわけです。

そして、ミジンコが増えたら間引くことを繰り返してください。爆殖といって、良い条件が整うと一気に数が増える日もありますが、もっと増やそうと思い、そのままにすると酸欠を起こし、全滅してしまうこともあります。増えたら間引く、生クロレラを足してバクテリアを添加する。これを繰り返し行っていくことが「青木式ミジンコ連続培養」の流れです。

ミジンコ連続培養のポイント

① ミジンコは水流が苦手
② 増殖には酸素が必要
③ エサはグリーンウォーター（植物性プランクトン）、生クロレラが効果的
④ きれいでミネラル豊富な水を使用
⑤ 水温は25度ぐらいが活性に適している

青木式ミジンコ連続培養の手順

最初に用意するミジンコは、水を軽く切って数グラムほど。100個体もいれば十分です。

1 パイプの中にエアストーンを落とし込みます

エアーをパイプの中に入れ、上部に酸素がぷくぷく
と出る状態にします

2 生クロレラ、源命液と命水液を投入する

生クロレラでグリーンウォーターを作り、そこに源
命液：命水液＝1：1の割合で投入します。増殖を
促したいときは、合わせたものを多めに投与します。

3 ミジンコが増殖を始める

ミジンコが増殖を始めます。増殖が確認できたら、
酸欠が起こらないようミジンコを間引きます。

4 ミジンコを水にさらして洗う

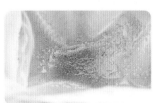

カルキを抜いた水を用意し、その中に網で採取し
たミジンコをさらします。ゾウリムシはミジンコ
の体に付着し、増殖を阻害するため、この作業で
ミジンコとゾウリムシを分けます。網にはミジンコが残り、ゾウリムシは小さい
ため網目から水に落ちていきます。

5 ミジンコを次の培養水槽に入れる

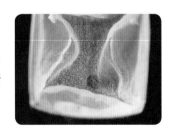

水にさらし、洗った後のミジンコは、新たな水槽に
入れることで新しい培養水槽が完成します。この行
程を繰り返し、ミジンコは増殖していきます。
※ 170～171ページの図解を参照ください。

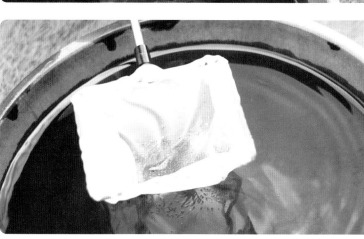

▶ 培養水槽のミジンコを水ごとすくってミジンコを網で捕獲します。

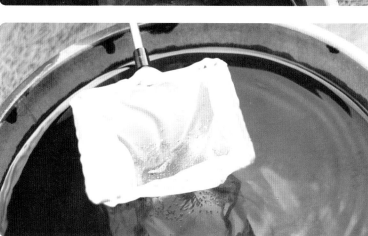

▶ 捕獲したミジンコを稚魚用水槽などでさらしましょう。ミジンコの体に付着しているゾウリムシが稚魚用水槽に落ちていきます。ゾウリムシは稚魚にとって格好のエサとなります。

▶ 適切な手順を踏めば、ミジンコは室内で増え続けます。増えすぎて酸欠になることやミジンコの寿命も考えながら培養しましょう。

メダカの生態

自然環境と室内でのバクテリア　飼育方法

屋外での飼育方法

飼育に役立つ鑑賞水草

めだか盆栽の魅力

青木式ミジンコ連続培養

メダカの繁殖

遺伝のしくみ

ワンポイントQ&A

青木式ミジンコ連続培養の手順〔図解〕

STEP ❶

生クロレラ　源命液　命水液

1槽目の
水槽完成

①P74を参考に水槽をセット。
　エアーは弱くする

②源命液と命水液を入れる
　（エサは生クロレラ）

③ミジンコ増殖

STEP ❷

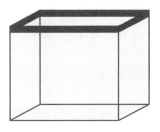

洗ったミジンコを入れる

④きれいな水槽を用意する　⑤バケツにカルキを抜いた水を用意する

STEP ❹

⑧カルキを抜いて、ステ
ップ①と同じ状態の水
槽を用意してミジンコを
入れる

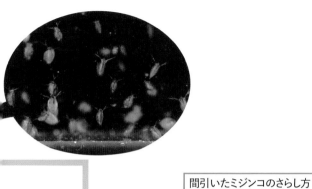

稚魚のエサに活用

⑦この水はゾウリムシ水として活用するので捨てないでください

間引いたミジンコのさらし方

STEP❸

⑥カルキを抜いた水を入れたバケツ、もしくは大きなボウルでミジンコをさらし、ゾウリムシを落とす

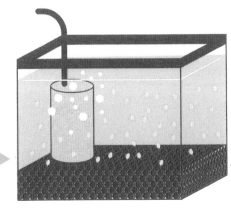

⑨増殖したミジンコのための新しい水槽が完成

新しい水槽2号が完成。ミジンコが増殖したら3号へ。欲しい分だけ増える

2槽目の水槽完成

ゾウリムシ水の活用と培養

ゾウリムシはミジンコよりもさらに小さな原生生物。
活餌なので栄養価が高く稚魚のエサに最適です。

ミジンコの周りに付着するゾウリムシ

　ゾウリムシはミジンコの体の周りに付着しています。ゾウリムシはミジンコよりもさらに小さく、その大きさは集まらなければ目視はできません。ゾウリムシ自体も捕食性の生き物で、細菌や酵母をエサとしていて、ミジンコを増やしていると知らぬ間に同時に増えていきます。

　ミジンコの周りに付着するゾウリムシは、ミジンコ増殖の阻害因子になりますので取り除くことが必要です。そ

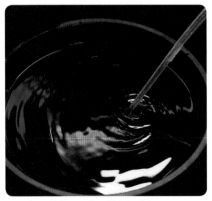

▲ミジンコ培養の過程で増えたゾウリムシは、スポイトなどで水ごとすくい稚魚水槽へ投入します。

して、さらした後のミジンコは培養水槽に入れ、そのさらした水にはゾウリムシが入っているため稚魚のエサとして利用できます。

ゾウリムシとミジンコを振り分ける

　ミジンコ連続培養の手順の中で、ミジンコを網に入れて水にさらし、ゾウリムシとミジンコを分ける行程を紹介しました。ゾウリムシはミジンコの成長を阻害するため、この作業でゾウリムシを振り落とすわけです。

　網にミジンコを入れたまま、バケツの中で網を左右に振ります。これを5回から10回ほど行えば、目では見えませんがゾウリムシなどの微生物がバケツの中に落ちていきます。この作業を行うのと行わないのとでは、ミジンコの増殖に影響が出ます。

　この作業によって、ミジンコを洗ったバケツの中の水には、ゾウリムシなどの微生物がたくさんいることになります。これが「ゾウリムシ水」で、稚魚のエサとして大活躍するのです。

新鮮な「ゾウリムシ水」

ゾウリムシは、米のとぎ汁などで培養する方法が知られています。その方法だと培養に1週間ほどかかり、ゾウリムシは増殖するものの水は劣化してしまいます。このような劣化した水を飼育水槽に投入するのは得策ではありません。そこで、ミジンコ連続培養でできたゾウリムシ水を、すぐに稚魚の水槽に入れてあげるわけです。

この水は新鮮で、小さな原生生物の宝庫といえるもの。ゾウリムシ水の活用は、稚魚を育てる際に用いている方法で、稚魚の生存率と成長に大きく寄与するものです。

◀カルキを抜いた水の中でミジンコをさらすと、ゾウリムシが水に落ちます（写真はゾウリムシが入った水）。青木式ミジンコ連続培養によるゾウリムシ水は水の劣化がないため、稚魚水槽や他の水槽に水ごと投入しても安全です。

◀ゾウリムシは稚魚でも捕食できる大きさという意味で、成魚に与えても喜びます。ゾウリムシを含んだバクテリア水ごと水槽に入れるため、水槽内のバクテリア環境も良くなります。

173

◆ゾウリムシを培養する

　ここで、稚魚の成長を促すために有効なゾウリムシを培養する方法を紹介しましょう。

　まず、バクテリア命水液の入ったペットボトル原液にゾウリムシを入れ、市販の発泡スチロールの容器に入れて（または温度変化がない室内の暗所でも可）、ふたを完全に締めずにそのまま放置します。

　1週間程度が経過したら、ペットボトル内を確認してみてください。これだけで爆殖しているはずです。

　ゾウリムシの培養方法は、前述したように米のとぎ汁などを使う方法もありますが、どうしても培養水自体が劣化してしまうのです。その点、バクテリアを使って水を汚さず増やせる方法なら安全です。

　特にゾウリムシを稚魚のエサとして与えるときに、培養水が劣化していたら稚魚には間違いなく悪影響をおよぼします。

　嫌気性細菌であるバクテリア命水液は水を汚さず、ゾウリムシのエサにもなりますから、ゾウリムシが増殖したらその培養水ごと水槽に入れることができ、メダカの稚魚にも安全なのです。

　ちなみに、ゾウリムシ単体の目視は困難ですが、増えてくると分かります。白い細かな糸のように見え、ペットボトルに光を当てるとよく認識できます。

ゾウリムシを培養するポイント

① 暗所で培養する
② バクテリア命水液をエサにする
③ 発泡スチロール容器に入れ、
　　水温変化と光を遮断する

ミジンコ連続培養のその他の知識

ミジンコについて知っておきたい
ミニ知識をお教えします。

①ミジンコの培養速度を上げるエサ

水が濁っていることが必要

　ミジンコの増殖に必要な条件として、「懸濁性」があります。懸濁性とは、つまりは水を濁った状態にすること。ミジンコを増やしていく水槽の環境として、その状態が適しているのです。

　懸濁の状態は、生クロレラで作り上げます。その水に源命液：命水液＝１：１の割合で日々入れて管理します。水槽内には緩やかな水の循環が必要です。

　懸濁性の他に、水槽の一部を暗幕などで覆い、暗所を作ってあげることもコツです。ミジンコは光に集まってく

る習性（走光性）があり、暗所と明るい場所の両方がある環境を好みます。

水の攪拌を怠らないこと

　懸濁性を保つために、日々の水の攪拌を怠らないことが大事です。パイプとエアレーションを使い緩やかな水流があるなら問題はありませんが、エアレーションを使わない場合は毎日数回、水槽内をゆっくり攪拌させてください。生クロレラはミジンコによって捕食され水槽内は透明になってきますが、懸濁性を維持するために生クロレラも日々投入しましょう。これで安定的にミジンコの培養が可能になります。

▲クロレラで懸濁状態をつくり、暗幕を使ってミジンコの居心地の良い環境を作る。

▲ミジンコは酸素をたくさん必要としますが、水流には弱いので注意。

②ミジンコの屋外培養

安定した水質環境が重要

　ミジンコ連続培養システムは基本的に室内で行うのが良いのですが、室内でできない場合のために、屋外飼育の方法も説明します。

　ミジンコを増殖させるために大事なのが安定した水質環境です。カルキは必ず飛ばし、水温は 25 〜 28 度に保つことです。ちなみに 20 度以下になるとミジンコは繁殖を停止させ、逆に30 度以上だと死滅してしまいます。

　また、室内では底砂利などは必要ありませんが、屋外だと水温変化や降雨などによる環境変化があるため、水質の安定をはかるために赤玉土などバクテリアの棲みつくようなソイルを敷きます。

命水液と源命液を 1 週間与え続ける

　まず 60 ℓ の入れ物を用意し、数cm

程度の赤玉土を敷き、赤玉をバクテリア命水液に浸します。その後、バクテリア源命液を 50㎖ ほど入れて、ゆっくりと水立てを行います。数日間そのまま置いたあと、ミジンコを投入します。

　命水液と源命液を与えながら 1 週間ほどすると、ミジンコは増殖していきます。なお、屋外でも酸素量は重要ですから、屋外の水槽内でも緩やかに水が循環するようにエアーレーションを工夫して投入してください。

▲赤玉土は安価であり、ソイルの代わりとなります。

▲赤玉土にバクテリアをしみ込ませて注水します。

屋外飼育の注意点

- ●水道水からカルキを抜き、バクテリアの環境を整える
- ●赤玉土などのソイルを敷く
- ●命水液と源命液を赤玉土にしみ込ませるように投与する
- ●緩やかな水流が起きるようにエアレーションを設置する
- ●よしずを水槽の半分まで被せて暗所を必ず作る

176　7章 青木式ミジンコ連続培養

メダカの生態

自然環境とバクテリア

室内での飼育方法

屋外での飼育方法

飼育に役立つ鑑賞水草

めだか盆栽の魅力

青木式ミジンコ連続培養

メダカの繁殖

遺伝のしくみ

Q&A ワンポイント

③ミジンコの休眠卵

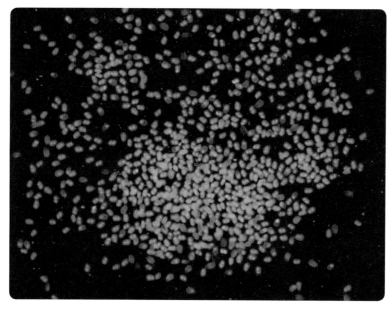

▲休眠卵です。これを採取し乾燥させます。水田をイメージしましょう。秋の収穫後に水が抜かれ、冬は乾燥と冷却、そして春に水が注ぎこまれるとまたふ化します。

 ミジンコは休眠卵になる

ミジンコは増殖して増えすぎてしまったり、環境が悪化すると、繁殖抑制物質が発生してオスが生まれ交尾をして休眠卵（耐久卵）を産みだしていきます。また、冬場や水が干上がったときにも、休眠卵となって冬を越して春になるのを待ちます。休眠卵は、ミジンコを飼育していると、水面の縁に付いたり、水槽の底に沈むようになります。休眠卵を採取したいときは、縁に付いたものを採取して乾燥をさせておきましょう。しっかり乾燥と冷却を経てから、また水の中に投入すると生まれてきますが、ミジンコの生態はまだ分からないことばかりで、なかなかハードルが高い作業であるといえます。

 休眠卵のふ化の確率を上げるために

私はふ化の確率を上げるために、自然環境でのミジンコの生態を調べていき、いくつかのヒントをつかみました。

その一つとして、休眠卵はまず2〜3日天日干しをして完全に乾燥させ、その後、冷凍庫に入れて凍結保存します。こうして保存しておくと、ふ化する確率が上がります。

Column 07

ゾウリムシの培養

■■■■■■■■■■■■■■■■■■■■■■■■■■■■■■■■■

　ミジンコを培養していたら、ミジンコが全滅したのに小さな何かがうごめいているとか、勝手に湧きだしてきたという話を聞くことがあります。

　生き物が自然に湧くことはありません。ゾウリムシはミジンコの体の周りに付着しています。ゾウリムシはミジンコよりもさらに小さく、その大きさは集まらなければ目視はできません。そしてゾウリムシ自体も、捕食性の生き物で細菌や酵母をエサとします。ミジンコを増やしていると、知らぬ間に同時に増えているということです。

　ミジンコの周りに付着すゾウリムシは、ミジンコ増殖の阻害因子になりますので、ミジンコを培養する際は一度流水でミジンコを流してあげるとゾウリムシをかなり落とすことができます。

　このひと手間でミジンコ培養の成功率が高まります。ミジンコを流水にさらして振り落とされた水にはゾウリムシがいるわけで、このゾウリムシも稚魚のエサとして大活躍します。

▲ゾウリムシは稚魚のエサに最適

第**8**章

メダカの繁殖

繁殖の準備

日照時間と水温がポイント。明るい時間が13時間、
水温が18度以上の水温になるとメダカは繁殖行動を開始します。

 ## メダカは繁殖させやすい魚

　メダカは繁殖させやすい魚で、水質と水温の管理をしっかりしていれば、初心者でも簡単に繁殖させることができます。水槽でどんどん卵を産み、ふ化していくのです。

　自然界の中で暮らすメダカは、通常春から夏にかけて繁殖を行い、冬になると冬眠し春が来るのを待ちます。そして暖かくなるにつれて行動が活発になり、また繁殖を行うというサイクルを繰り返します。

　飼育メダカも、こうした自然のサイクルで繁殖させるのが理想的ですが、一方で今ではヒーターや蛍光灯などを利用して、水温や日照時間の調節を行い、疑似的に繁殖に適した環境を作ることも可能になっています。飼育環境を整えることで、一年中繁殖を楽しんでいる飼育者も多くいるようです。

 ## 繁殖前に確認すること

◆繁殖させた後の飼育容器を用意する（メダカ1匹に1ℓの水が目安）
◆繁殖後の世話をきちんとできるか
◆繁殖によって必要となる容器が増えてくことを知る

産卵の条件は？

・産卵する時期…5〜9月
・水温…18〜28度

産卵スケジュール

メダカは水温25度以上、日照時間13時間以上の環境で産卵を始めます。

3月	4月	5月	6月	7月	8月
活動し始める	4月後半〜5月連休明けくらいに、産卵を始める				
	交配させる親を選び、産卵用水槽に入れる				
		卵が付着した水槽を別の容器に移す			
	日中は水槽を日が当たるところに置き、夜は蛍光灯を使用して日照時間を13時間に保つ				

準備するもの

ふ化用の水槽

メダカの卵がついた水草を入れます。卵がついた水草が入る水槽であれば問題ありません。

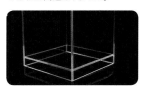

照明

日照時間を13時間以上に保つため、蛍光灯やLEDライトなどを利用します。

水草

ふ化したばかりの稚魚が身を隠せるよう、水草も用意しておきます。

・産卵する年齢…ふ化後3カ月～2年
・産卵数…1回につき5～20個

メダカをふ化させるには

　メダカをふ化させるには、ふ化用の水槽が必要です。メスが産卵したら、卵は専用の水槽に移して、親（成魚）の半分ほどの大きさに成長するまでは、その水槽で飼育します。これは卵や生まれてきた稚魚が、親メダカに食べられてしまうのを防ぐためです。つまり、稚魚と成魚を分けて飼育するの

が目的となります。親を移動させてもOKですが、卵がついた水草ごと取り出すほうがずっと簡単です。

　次に、日照時間を13時間以上保てるよう、蛍光灯やLEDライトを用意します。昼間は日光を当てて、日が沈んだら蛍光灯などの光に切り替えます。13時間の日照時間がメダカのふ化の絶対条件です。

　なお、稚魚がはさまってしまう危険があるため、水槽への砂利や底砂は不要です。

9月	10月	11月	12月	1月	2月
→ 産卵が終わる			冬眠し始める ——————————→		

交配と産卵

交配のサインや産卵についての
知識を得ておきましょう。

オスとメスのバランスを考える

　まず、親にしたいメダカのオスとメ
スを産卵用の水槽に入れます。メダカ
の親選びは、病気がなく体のツヤがい
い、元気なメダカを選びます。

　そして、オスとメスのバランスを
しっかりと考え、少ない匹数の場合は
メスを多くしてください。オス1匹に
対してメス2匹、オス3匹に対してメ
ス5匹といったようにオスに対してメ
スの数を多めにします。

　10匹以上なら同じ匹数でも問題あ
りません。これはオスとメスの相性が
あるため、1対1交配は難易度が高い
ためです。

　親メダカとして選ぶときは、色素で
選ぶのではなくメダカの体型をみて選
ぶのがコツの一つです。横見、上見、
そして胴の厚さやヒレの大きさなど、
メダカの理想体型に近いメダカを選ん
で交配させます。なお、背曲遺伝子は
子に受け継がれますので、必ず体型を
重視してください。

▲交配は相性が大切なため、オス・メスのバラ
ンスを工夫します。

水草に卵を産み付ける

　メダカは水草に卵を産み付ける習性
があります。その他、シュロでつくっ
た産卵床を用意するのもおすすめで
す。

　なかには、うまく絡むことができな
かった卵や、産み落とされてしまう卵
があります。たくさんの稚魚をふ化さ
せるために採卵をする場合、水槽の中
に網戸用の網を敷き詰めておきます。
そうすることで、産み落とされた卵を
ほぼ全部回収できます。

　水草やシュロの産卵巣に卵が多く産
み付けられるようになれば、親メダカ
とは違う水槽に産卵巣と敷き詰めてい
た網を移動させます。

シュロの産卵床

シュロで作った産卵床は水草よりも産み付けに適しています。シュロの産卵床は次のようにして作ります。

①ホームセンターなどで入手したシュロを、5〜6分ほど煮て殺菌します。

②湯を切り、2〜3日ほど天日で乾かします。

③乾いたら、10〜15㎜四方の正方形に切り、ラッパの形に丸め、針金や結束バンドで止め、大きさを整えてから水槽に入れます。

オスの求愛行動

オスはメスに引き付けられると、そのあとを追い回すようになります。メスの真下か後ろに止まり、その後横に並びます。オスはヒレを広げて求愛をアピールし、腹ビレは興奮して黒くなります。

メダカの交尾

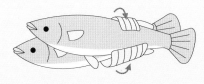

メダカは交尾するとき、オスとメスが寄り添い、オスは背ビレと尻ビレを使ってメスをしっかりと抱き寄せます。そしてメスが産卵し、オスが放精して卵が受精します。産卵は早朝に行われることが多くあります。

産卵後のメスは、しばらく卵をお腹につけたまま泳ぎます。その後、メスは体を水草にこすりつけて卵を付着させます。この行動の際に付着せず、下に落ちてしまう卵もかなり多いです。この卵が産み付けられた水草を、ふ化専用の水槽に移すことで、メダカを繁殖させることができるのです。

たくさん産まれた卵の中には、無精卵のものが含まれていることがあります。無精卵はいくら待ってもふ化することはなく、放置しているとカビが生えてしまうこともあるため、無精卵と分かるものはピンセットなどで取り除くと水質の悪化を防げます。有精卵は透明で弾力があり簡単にはつぶれません。

▲卵の周りには「付着毛」と呼ばれる水草に絡みつくような毛がついてます。

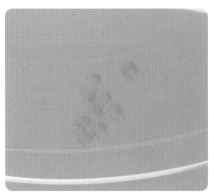

▲有精卵は手で触ってもつぶれず弾力性があります。

▲付着毛によって水草に絡み、多少の水流では離れません。

▲無精卵は白くなりカビが生えてきますので、可能なら除去します。

生まれた卵の移動方法

　メスが卵を水草やシュロに産み付けたら、すぐに取り出さずに1週間ほど様子を見ます。そして1週間後、卵が産み付けられた水草ごと、ふ化用の水槽に移動します。

　カルキ抜きをした水が入った水槽に卵を入れ、ふ化が始まるのを待ちます。ふ化水槽内も緩やかな水流があったほうがいいです。

▲卵の中でメダカの成長が見えます。目が見えてきて卵の中で回転する姿も見ることができます。

▲水草ではなく、産卵床として棕櫚皮を使うと卵の移動が容易です。

①メスが産卵し、水草などに卵を産み付けます。見つけてもすぐに移動せず、1週間ほど様子を見ます。

②卵が付いた水草を入れるふ化用水槽（容器）を用意します。水は基本的にカルキを抜いたものを使います。

③1週間したら、卵が産み付けられた水草ごと、用意しておいたふ化用水槽に静かに移動させます。

④ふ化用水槽に卵を移し様子を見ます。ふ化しても、すぐに稚魚を元の水槽に戻してはいけません。

> **うまく産卵しなかったときの対処法**
>
> 20度以上の水温と13時間の日照時間がキープされているかどうかを確認します。そして産卵は体力が必要ですから、十分な量のエサが必要です。

卵の変化とふ化

メダカ飼育で最も神秘的な瞬間です。

 水温と日照時間の管理が大切

　卵のふ化には、産後おおよそ10日〜2週間かかります。ふ化までの時間は水温と日照時間が影響しますので日々注意してください。

　もし、成魚の水槽でふ化してしまった場合には、生まれたばかりの稚魚は成魚に食べられてしまう恐れがあるので、すぐに別の水槽に移してあげることが必要です。

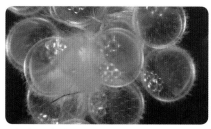

▲細胞分裂が始まっている有精卵。

ふ化スケジュール（卵の変化）

受精半日後
卵の中で細胞分裂が盛んに行われる時期。見えづらいですが、中心部分には栄養分が入った袋があります。

受精3日後
この時期から変化が。頭と目になる部分がはっきりとし始め、背中になる部分には黒い色素胞が見えます。

受精1週間後
体のほとんどができ上がり、卵の中では胸ビレを動かしたり、ぐるぐる回ったりと泳ぎ始めます。

受精5日後
目となる部分がはっきりと黒くなり、うっすらと血管が見えるように。体も長くなり、メダカらしくなります。

受精10日〜2週間後
目の周りが金色になり、かなりくっきりしてきます。卵の中では窮屈な感じになり、ふ化の時期を待っています。

ふ化
丈夫な卵の膜を酸素によって溶かし、しっぽから元気に飛び出してきます。お腹には栄養分を蓄えた袋が付いています。

ふ化にかかる日数計算

日数＝250÷水温
（日）　　　　　　　　　　（度）

　メダカの卵は積算累計が250度になればふ化します。水温（度）×日数＝250（度日）であり、水温を測ればおおよその予測がつきます。

　産卵からふ化するまでの日数は水温によって変化し、上の計算式によって

おおよその予測がつきます。計算の仕方は、250を水温で割る方法です。つまり水温が25度の場合、産卵からふ化までには10日ほどかかるという計算になるわけです。

　水温が低ければそれだけふ化までの日数がかかることになりますが、水温が高すぎてもふ化の妨げになりますから、30度を超えないようしましょう。

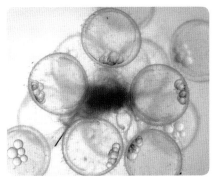

▲細胞分裂の速度には水温が最も影響します。

▲生まれてから3日はエサを食べず、生まれたときに持っているヨークサックの栄養素を使って成長します。

ふ化するためのベストな条件

水質	塩素（カルキ）が抜けた、きれいな水を使うのが基本です。
水温	20度から25度くらい、水温が高いとダルマ遺伝子が強く表現され、ダルマメダカの発生率が上がるとされています。
日照	1日13時間以上。屋内なら蛍光灯などを使って日照時間を確保します。

ふ化率を上げる方法

**カビの除去を行うことと、
緩やかな水流にすることがポイントです。**

無精卵のカビに注意

ふ化用の水槽に移した後、問題になることがあるのが、卵のカビです。このカビは多くの場合、無精卵が原因となります。

数多く産まれた卵の中には、無精卵が含まれていることがあるのは先のページでも説明しましたが、ふ化することはなく、カビを発生させる原因にもなりますので注意が必要です。

無精卵の判別方法

無精卵は白く濁っていて、触ると簡単につぶれてしまうので、有精卵と判別することができます。それと分かれば、水槽から取り除けばいいのですが、一方で数多くの卵の中から無精卵を取り除くのは、途方もない作業となります。普通はそのままふ化用の水槽（容器）に入れつつ、殺菌するよう努めます。

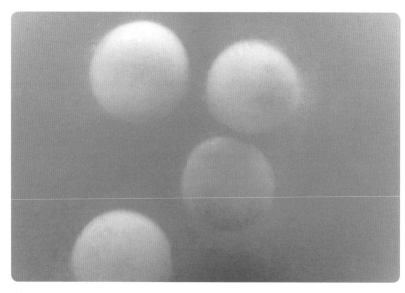

◀有精卵は透明度があり、触ってもつぶれません。無精卵は写真の通り、白く濁りカビが生えてきますので可能であれば除去します。

◀ふ化水槽は砂利などを敷かないようにします。稚魚が砂利の間に挟まって死んでしまうことがあるからです。

 ## ふ化用の水を殺菌する

前のページで、ふ化用の水槽（容器）の水は、基本的にカルキを抜いたものを使うと説明してきましたが、一方でカルキ（塩素）には殺菌作用もあり、卵を移す水槽には水道水をそのまま注ぎ込むことで、殺菌をすることも可能です。

ただ、特に初心者の方には、ふ化にはカルキを抜いた水が無難といえますから、殺菌のためには少量の塩を入れてください。そして、ふ化用の水槽にもエアレーションを入れることを忘れないでください。

エアレーションを入れるのがおすすめ

エアレーションを入れるのは水槽内に緩やかな水流を作り、水に酸素を取り込ませるためです。これによってふ化率が上がります。

そしてふ化し、稚魚が生まれたら、水換えはなるべく控えましょう。水質の急激な変化は生まれたばかりの稚魚には致命的なものとなります。換えるなら少ない水で、こまめに行ってください。

稚魚の飼育と環境

**生まれたての稚魚は本当に小さいので
よく観察して環境を整えてあげましょう。**

生まれた後はしばらくそのままに

生まれたての稚魚にとっては、生まれた環境の水が一番心地良いものですから、どこにも移さずに、しばらくそのままにしておきます。

稚魚は水質にとても敏感で、少しの環境の変化でもショックを起こしてしまうのです。

稚魚は多少混み合っていてもOK

生まれたばかりの稚魚は、目に見えないほど小さな体ですが、卵のふ化が進むと水槽の中にはたくさんの稚魚が泳ぎ始め、ふ化用の水槽がいっぱいになってしまうかもしれません。

通常、メダカ1匹につき水は1ℓが目安ですが、稚魚の場合は多少混み合っていても大丈夫といえます。ただし、水槽や容器が稚魚で埋めつくされてしまうほどになったら、別の容器に移してあげましょう。

稚魚のエサはパウダー状のものを

生後3日はお腹に抱えたヨークサックの栄養素で成長します。3日目以降はいかに上手に捕食できるかが生存率に関わります。稚魚のエサはできるだけ細かいパウダー状のもの（稚魚用のエサ）を与えます。成長速度にも個体差があるので、成長の早いメダカは1カ月程度で別の水槽に移します。

1〜2カ月で親メダカのもとへ

成魚の半分くらいの大きさに成長すると、エサと間違えて成魚に食べられてしまうこともありませんから、成魚と同じ水槽で飼育しても大丈夫です。

アルビノに関しては、弱視であり普通のメダカと同じ容器で育てるとエサにありつけないので、アルビノは稚魚だけで飼育する必要があります。稚魚の段階でも目の色が明らかに違うので判別は可能です。

稚魚が育つための環境

水温	20度から25度、ダルマメダカは28度以上が良い。
水質	ふ化した後は水換えをせず、しばらくは生まれたときの水のままで。
水換え	その後の水換えはごく少量。稚魚は小さいので扱いに注意を。
稚魚の密度	稚魚の場合はそれほど気にしなくても良い。あまりにも密集するようなら別容器へ（左ページ参照）。

稚魚の成長

〈ふ化2日後〉

▲まだ体が小さすぎるため、肉眼ではほとんど見えません。お腹に蓄えた栄養分で育つためエサは不要です。

〈ふ化3日〜14日後〉

▲日々成長するものの、まだ針の先ほどの大きさ。食欲は旺盛でエサをよく食べます。エサが食べられないと死んでしまうので注意が必要な時期。

〈ふ化15日〜1カ月〉

▲だいぶ魚らしくなり、ここまでくればひと安心。エサも稚魚用のままで大丈夫です。

〈ふ化1カ月半後〉

▲体もしっかりとしてメダカらしくなります。エサをたくさん食べ、成魚の半分ほどの大きさに成長していきます。

稚魚の成育と注意点

**何といっても選別が大事となりますから
成長速度に合わせて選別を行います。**

 ### 稚魚の選別を行う

　ふ化してから1カ月もすれば、水槽の中はメダカの稚魚でいっぱいになることがあります。成魚のように神経質になる必要はないのですが、やはり過密飼育状態になるとメダカの成長が止まってしまうリスクがあるため、別の容器に移すことを考えます。

　ここでメダカの選別を行うのですが、どのように選別するのかというと、ひとつは稚魚の大きさです。

　稚魚にも成長の早いものと遅いもので差が出てくるため、サイズを合わせて飼育水槽を分けてあげると、大きなものはより大きく、成長の遅かったメダカも成長が追いついてきます。この選別をすると、稚魚も3カ月もすれば成魚近くのサイズまで成長します。

特徴的な選別は、成長してから

　ただし、選別はある程度成長しなければ、特徴によって行うことは難しいです。特に体色は成長とともに現れてきますので、特徴での選別は最後にしましょう。大事なことは、まずはしっかりと成長させることです。

　成魚近くまで成長した後で、ガラス容器に入れて上見と横見、ヒレと体型をしっかり確認します。小さなうちからそのような選別をすることは、メダカに負荷をかけるだけです。

 ### 種親として残す際には？

　また、種親として残していくメダカも体型重視です。成長が早いというのは優れた成長遺伝子を持っているということで、その中で体の幅やヒレのバランスも十分に整っていると、次の種親候補になります。

　体色や珍しさを追っていくと、子孫は虚弱な遺伝子に引っ張られていくリスクがあります。濃い体色や特徴は二の次で、その系統の中で強い個体を選び抜くことを意識しましょう。色素などの特徴は、後から追うことができます。

◀きれいな水と豊富なエサによって、ふっくらとした体の丈夫なメダカが育ちます。

エサやりのポイントは

　そしてエサやりのポイントは、こまめに1日5回以上与えると良いでしょう。メダカの体の特徴として、無胃魚であることから食べ物をおなかに貯めることができないということ、そして消化管を通りフンになるまでの時間が短いことが挙げられます。そのため、食べる量よりも回数のほうが成長に影響します。

　5回も与えられない場合は、朝と夕の2回でも大丈夫です。しかし、夕方に与える場合はあまり遅い時間だと、メダカの習性を考えるとよくありません。日が暮れるとメダカも眠るため、15時くらいまでに与えるようにしてください。

グリーンウォーターの効用

　エサの回数が増えると、フンだけでなく食べ残しもたくさん出るため、水の汚れが激しくなります。

　ちなみに、自然界のメダカの稚魚は植物性プランクトンを食べています。これらプランクトンが繁殖している水とは緑化している水、つまりはグリーンウォーターです。

　藻類もメダカのエサになるためメダカの成長スピードは早く、稚魚の成育環境としては最適なのです。

屋外での繁殖

繁殖はメダカ飼育の醍醐味。
適切な飼育方法によって生存率を上げましょう。

 ## 屋外繁殖は自然下の環境に近い

メダカの繁殖は屋内で行う人が多いと思いますが、一方で屋外繁殖は本来の自然下で生きるメダカに近いため、さまざまな手間がかからないというメリットがあります。

水温管理や日照時間を調節する必要がなく、日の当たらない場所であれば、日の当たるところへ移せばいいなど、飼育環境を整えていくことができます。

 ## 水草ごと卵を別の水槽に移動

スイレン鉢などで産卵した後は、屋内繁殖と同様に、1週間ほどしたら水草ごと卵を別の水槽（容器）に移動させます。屋外の環境で育った親を室内に移動すると、環境の変化でストレスがかかってしまいます。水草を入れるふ化用の容器も同じように屋外で管理するのが理想です。

 ## 屋外飼育のときには…

屋外飼育においてはバクテリア源命液のはたらきをするバクテリアは空気中から勝手に取り込まれてきますので、バクテリア命水液の投入のみ行ってください。

水槽の水が50ℓだとしたら、毎日キャップ2杯程度の15㎖程度を入れてあげると、毒素は分解されて安全に飼育ができます。

また、屋内・屋外繁殖でも同様ですが、成魚に近づくにつれて、私は月に1日、エサ止めの日を設けています。1日エサを与えず、消化器官を強制的に休ませるという意味です。エサ止めの翌日はエサ食いがとても良くなり、成長や繁殖はもちろん、強い個体作りにも重要と感じています。

強い成魚を育てるには、いうまでもなく稚魚のときからの丁寧な飼育が欠かせません。ふ化から成魚になるまで自分で育てることができるのがメダカ飼育の醍醐味ですから、ぜひトライしてみてください。

温度管理

屋外飼育では屋内よりも日照時間が長いため、ライトなどをつけて日照時間を確保する必要はありません。ただし、すぐに日陰になってしまうような場所なら、日当たりの良い場所に移動させましょう。

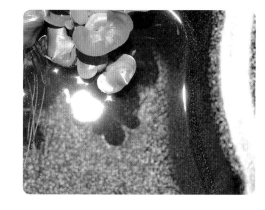

水草

屋内の水槽と同じように、屋外飼育でも親メダカは水草に卵を産み付けます。産卵後、1週間ほどしたら、水草ごと別の容器に移してふ化させます。

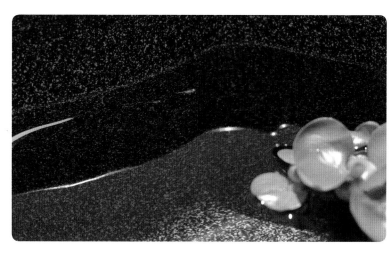

◀屋外では自然に空気中のバクテリアが水の中に溶け込み、硝酸イオンが蓄積されていきます。水草が元気に成長していれば毒素は分解されていると判断できますので、命水液のみ投入します。

08 メダカの繁殖

養殖場を作る

**養殖場は水換え頻度を減らし、いかに
管理をしやすくするかがポイントとなります。**

大規模に繁殖させるのも楽しみの一つ

メダカを繁殖させていくなかで、「養殖場」となると趣味の範疇を超えると思うかもしれませんが、メダカ好きの人にとっては大規模に繁殖させることも楽しみの一つです。

メダカを繁殖させて育てると、家族や友達に見てもらいたくなるものです。庭先にどんどん水槽や養殖容器が増えていき、その庭先がメダカ好きの憩いの場となるなんてことは珍しくありません。

そこで、ベランダで繁殖を楽しむ規模よりさらに一歩踏み込んで、100水槽や200水槽を管理するようなテクニックについてお話ししたいと思います。

工夫してたくさんのメダカを飼育する

私は何事もシンプルなしくみが好き

▲ブロワーを用意して、分岐管を使えば一度に複数水槽のエアレーションを作れます。

です。養殖場もお金をかければきりがありません。便利なものが多数販売されていますが、必要最低限の素材さえあれば、後はよく考えさえすれば、大きなお金をかけて作り上げるものと同等のものが作れます。

青木式自然浄化水槽も必要最低限のものしか使っていないことが分かると思います。エアレーションやろ過装置など、引けるものは全部引いたように、足すことは簡単ですが、引くことには工夫や思考が伴います。それと同じように、工夫をしてたくさんのメダカを飼育することを楽しみましょう。

 「養殖場」に必要なもの

必須なものは大型の容器です。80ℓのトロ船10個を使うイメージで作りましょう。

次にエアレーションです。ブロワー（Blower）という送風機を購入し、そこに分岐管を設置して、一つのブロワーで10水槽のエアレーションとして使います。

原理はエアレーションと同じで、一つで賄うために電気代はもちろん、10個のエアレーションを用意するよりも断然安価です。

さらに、日よけとしてよしずを10個用意します。水質を安定させるために、麦飯石などバクテリアが吸着するような石を入れたり、赤玉土をトロ船に敷き詰めることも水質安定にはおすすめです。

そして、アマゾンフロッグピッドのような浮き草を入れてください。水草を見て、水換えのタイミングをはかりましょう。

▲よしずを使っていつでも日陰を作れるように工夫し、水槽内の水がゆっくり攪拌される状態にしましょう。

メダカから学んだバランス

　青木式自然浄化水槽を眺めてみましょう。水、バクテリア、生き物、植物、LED（太陽）のバランスが整っています。どれ一つ欠けてもすべてのバランスが崩れます。

　環境は生物の相互作用によって保たれていることを意味します。私は小学校での講演を依頼されることが多く、話す内容はメダカについてではなく、自然浄化水槽から学んだバランスについてです。

　学校のいじめ問題に対しては、クラスのバランスを考えなければいけません。いじめをなくそうではなく、たとえるなら、それを分解し栄養素に変える善玉優位の環境にすることが大事です。問題が起きても栄養に変えることのできるクラスは「良いクラス」といえるでしょう。

　社会も同じです。人が集まれば問題が生じます。問題をなくそうではなく、問題は起こるのです。それを解決し経験と知恵に変えるバランスを保つことが重要です。我々が生きている中で、間違いやミスがないのは理想と思うかもしれません。しかし、それがなければ環境は廃れてしまうのです。

　自然浄化水槽という小さな世界の縮図で感じたバランスというものを、家族、学校、社会と対比してみましょう。そこに学びがたくさんあるはずです。

▲青木式自然浄化水槽のバランスが見て学べる「めだかやドットコムミュージアム」

第 **9** 章

遺伝のしくみ

メダカの遺伝のしくみ

メダカの交配を考えるとき、メダカの
遺伝子について学ばなければなりません。

メダカは変異する遺伝子が大きい

メダカ飼育の最大の魅力は、何といっても繁殖にあるといえます。そして、様々な品種が発表される理由の一つに、メダカは変異する遺伝子が大きいことが分かっています。

2017年9月15日に、小さなメダカのゲノムから巨大な遺伝子（トランスポゾン）を発見したという研究結果が東京大学の理化学研究所から発表されました。

メダカの変異するトランスポゾンは大きいため、変異が起きやすいという意味です。交配をしていくと変異種に出会える可能性が高くなるため、これからもどんどん変異していくことが分かります。

交配とその結果が見えやすい

メダカ飼育に夢中になる人のほとんどが、鑑賞ではなく繁殖に魅了される方々です。様々な品種が発表される理由の一つに、もともと世代交代の間隔が短いため、交配とその結果が見えやすいという特徴もあります。

さらに、今まで見たことがないような変異個体が生まれたとして、その血を残していくために交配を行い、孫で同じような変異個体を複数獲得し、その変異個体同士の1対1交配から表現体の固定を行っていきます。

親の形質を受け継いだ子供が生まれる

こうした新種のメダカの定義は、「今までにない色合いや体型をしていること。その個体を交配させたとき、その形質を受け継いだ子供が生まれてくること」です。

現在の品種改良メダカは、いろいろな種類の血が混じっているため、過去に受け継いだ遺伝子が突然現れることもあります。

ただし、そうした個体がいきなり生まれるのは稀であるため、通常は遺伝の法則を理解し、「この親メダカから

トランスポゾンとは？

親の形や性質と関係なく現れる突然変異には、トランスポゾンという遺伝子が深く関係していることが分かっています。トランスポゾンは動く遺伝子とも呼ばれ、染色体（DNA）の中で動き回り、正常な遺伝子に飛び込むことで、遺伝子のはたらきを壊してしまいます。この動く遺伝子であるトランスポゾンのはたらきによって、変異が現れた1代だけの形質を作り出します。それが、突然変異なのです。

▲突然変異のメダカが誕生しても、その特徴が次世代に受け継がれる保証はなく、近親交配の累代を重ねて特徴の遺伝を確かめていきます。

無限の可能性を秘めたメダカの体色

▶メダカの体色は、ウロコ内にある黄・白・黒の3種の色素細胞と、光を反射する目の周りの虹色色素細胞によって決まります。周りの環境に応じて色を濃くしたり、薄くできる保護色機能も持ち合わせています。この4種類の色素細胞の組み合わせによって、様々な面白い体色を持った新種が誕生したりするのです。

はどのような子供が生まれるか」の予測を立てながら交配させていきます。

生まれる子供を予測できる

たとえば、子供が親に似るのは、人間もメダカも同じです。親メダカの色の組み合わせや強弱によって、子供メダカの色も決まるのです。

そのため、遺伝子の法則を学び、親選びのときに子供の色がどのように出るかを予測してから交配させることを考えましょう。生まれる子供を予測できるようになれば、自分で思うような形や色を持った子供を産ませることも可能になるわけです。

メンデルの法則について

学校の生物授業で習ったメンデルの法則が
メダカの遺伝にも応用できます。

遺伝子の新しい表現方法

　2017 年、日本遺伝学会において、長年使ってきた「優性」や「劣性」という用語を言い換えることが決まりました。

　遺伝学では 100 年以上に渡って、遺伝子の 2 つの型のうち特徴が現れやすい遺伝子を優性、現れにくい遺伝子を劣性と呼んでいましたが、優性を「顕性（けんせい）」、劣性を「潜性（せんせい）」と呼ぶことになりました。

遺伝に関する3つの法則

　純系で形質の異なる親を交配させた子供（F1）は、両方の遺伝子を半分ずつ持って生まれます。この子供には、どちらかの顕性（優性）の形質だけが現れ、潜性（劣勢）の形質は現れません。これが、「顕性（優性）の法則」です。

　このとき、表面に現れる形質を顕性（優性）、現れない形質を潜性（劣性）といいます。

▲血統の管理をしないと、最終的に普通体形の黒メダカとなっていきます。

＊顕性（優性）の法則……違う特徴のメダカを掛け合わせたときに、顕性（優性）遺伝子をもった特徴が子供に現れること。

＊分離の法則……両親から受け継いだ一対の対立遺伝子が融合せず、配偶子形成の際に分離し、それぞれの配偶子に受け継がれること。オスの遺伝子 BB、メスの遺伝子 RR とした場合、雄の BB のうちの B 1 つと、雌の RR の R 1 つが分離して、結合して受精する。

＊独立の法則……異なる２つ以上の形質は，それぞれ独立して遺伝していくこと。対立形質が特定の組み合わせをなすことなく，独立して遺伝することをいう。

　この「独立の法則」によって、たとえば白ダルマメダカが変異種で獲得できた際、白とダルマの遺伝子はセットではなく独立して遺伝していくことが分かり、結果、黒ダルマメダカや緋ダルマメダカなどを作出することが可能であると分かります。

　こうした３つの遺伝の法則を、発見者にちなんで「メンデルの法則」というのです。

顕性と分離の法則

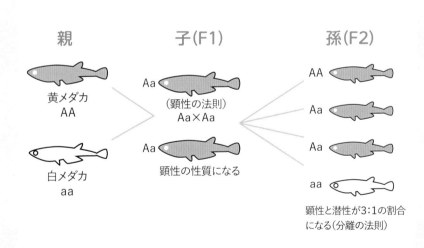

親

子（F1）

孫（F2）

黄メダカ
AA

白メダカ
aa

Aa　（顕性の法則）
Aa×Aa

Aa　顕性の性質になる

AA

Aa

Aa

aa

顕性と潜性が3：1の割合になる（分離の法則）

◆3つの法則から遺伝を考える

　染色体は対で存在し、顕性（優性）遺伝子は英字の大文字、潜性（劣性）遺伝子は小文字で表されます。

　たとえば、オスの遺伝子をBB、メスの遺伝子をRRとした場合…遺伝子は2つで1対であり、F1は両親の遺伝子が分離してBRというように、両親から対の1つずつをもらい、2つで1対の遺伝子が構成されるわけです。

　BとRを顕性（優性）としてbとrを潜性（劣性）としBrとRbという対があった場合も、染色体数は4つでありB、r、R，bはすべて独立した染色体ごとにあり、独立した動きをするということです。

　メダカの体色遺伝子はB（黒）とR（黄）で表されます。メダカは2つで1対の遺伝子を持っています。一方の特徴が現れて、一方の特徴が隠れます。同じ遺伝子で対になっているものをホモ接合体といい、違う遺伝子で対になっている場合はヘテロ接合体といい、BとBが対ならホモ接合体、Bb、BR、bRはヘテロ接合体といいます。

　顕性（優性）の法則とは、小文字より大文字の表現が顕在的に現れることです。分離の法則は、BbとBbか

ら生まれてくるのは、BB：Bb：bbとなり、生れてくる比率は1：2：1となり、遺伝子が分離していくことをいいます。

　独立の法則は対の遺伝子、たとえばBb、BR、Br、brの対の遺伝子が交配によって一つ一つが独立し、br、bb、rrといった新しい対を作るということです。

▲白メダカ

▲緋メダカ

	黒メダカ (BBRR、他)	BbRr など、すべての色素において顕性（優性）の遺伝子を持つ。
	緋メダカ (bbRR,bbRr)	黒の潜性（劣性）遺伝子と黄色の顕性（優性）遺伝子を持つ。ちなみに楊貴妃といわれる朱赤メダカですが、Rの遺伝子であることには変わりなく、黄色素がとても濃く朱色になっているというだけです。
	青メダカ (BBrr,Bbrr)	黒の顕性（優性）遺伝子と黄色の潜性（劣性）遺伝子を持つ。
	白メダカ (bbrr)	黒と黄色の潜性（劣性）遺伝子を持つ。

　以下の遺伝子をもった黒メダカと白メダカを交配させた場合、遺伝子型は下記のようになります。

＜ＢＢＲＲ × ｂｂｒｒ ＝ ＢｂＲｒ＞

　メダカの体色はメンデルの法則に従うので、次世代（Ｆ１）は黒メダカの形質のほうを受け継ぐことになります。

　つまり、生まれてくる子の体色は、すべて黒ということです。

　黒と白をかけたら全部黒になります。では、生まれた黒と黒を交配させたら何が生まれるのか？ F2について考えてみましょう。

＜ＢｂＲｒ × ＢｂＲｒ ＝ ？＞

BBRR × bbrr が掛け合わされるとBbRrという遺伝子型のメダカしか生まれてきません。BbRrは顕性（優性）の法則で黒メダカと同じ体色であり、BBRR の黒メダカと bbrr の白メダカの交配からは、BbRrという遺伝子型の黒メダカしか生まれません。

	BB	Bb	bB	bb
RR	BBRR	BbRR	bBRR	bbRR
Rr	BBrr	BbRr	bBRr	bbRr
rR	BBrR	BbrR	bBrR	bbrR
rr	BBrr	Bbrr	bBrr	bbrr

　つまり、黒：緋：青：白が９：３：３：１の割合で出現します。

　上記は体色ですが、独立の法則で少し触れましたが、体型・ヒレの変化などの表現にも同じようにホモ・ヘテロ接合体の遺伝子があります。

　考え方は同じです。体色以外に特徴までも混ざってくるので複雑と感じる

かもしれませんが、基礎さえ理解できれば、体色の遺伝子と体型・特徴の遺伝子が絡み合ってメダカの表現がなされていることが分かります。

　珍しいメダカでも、その表現を見ただけでおおよその血統を読み解くことができるようになります。

◆ バッククロスとは

遺伝形質を早期に濃くする方法

変異個体を見つけたときの遺伝を調べるには累代交配を行いますが、もう一つ遺伝形質を濃くする方法があります。それが「バッククロス」といわれる交配技術です。

バッククロスとは「戻り交配」ともいい、新種の後代に対して、最初の親を再び交配相手にすることを指します。

たとえば変異個体がオスであった場合、まず相手となるメスと交配を行い、F1が誕生します。そのF1を育てていき、その中からF1のメスを選別し、親である変異個体のオスと交配を行うのです。

この交配をバッククロスといい、変異個体の表現が遺伝するものであるならこのバッククロスで約半分ほどの表現個体が得られるはずです。

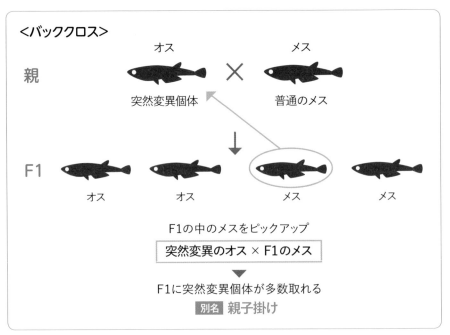

＜バッククロス＞

オス　　　　　　　　　メス

親　　突然変異個体　　✕　　普通のメス

F1　　オス　　オス　　メス　　メス

F1の中のメスをピックアップ

突然変異のオス × F1のメス

F1に突然変異個体が多数取れる

別名 親子掛け

▲バッククロスを知ることで、突然変異種の早期固定化をはかります。

メダカの生態

自然環境とバクテリア

室内での飼育方法

屋外での飼育方法

飼育に役立つ鑑賞水草

めだか盆栽の魅力

青木式ミジンコ連続培養

メダカの繁殖

遺伝のしくみ

Q&A

ワンポイント

「1対1交配」を考える

メダカの血統管理や種の固定化をはかる
場合は、1対1交配を行います。

 ## 個体の固定化をはかるためには

累代交配といいますが、ただ数を取っていくのではなく、個体の固定化を図るためには、「1対1交配」が基本です。

まず、ホモ接合体を見つけることがスタートです。目指すメダカの系統が決まり、種親に適した強く成長の早いホモ接合体のメダカをチョイスします。

ここからバッククロス（親子掛け）も行いながら、系統の固定化をはかっていきます。

ほぼ99％の固定率を実現するためには、理論上F20以上重ねていくことになります。メダカ飼育を行っている方は、すぐに不可能であると考えると思います。私自身もF8ぐらいまで行いましたが、到底F20までは到達できませんでした。F20以上を重ねた方を知っていますが、雌雄バランスが崩れてメスばかりが生まれてくる状態でした。

しかし、そのF20を重ねたといわれるメダカを見ても体型は問題ありませんでした。Fを重ねていけば骨格異常を引き起こす背曲がり遺伝子や、内臓障害を起こす遺伝子が顕在化するといわれ、私がF8まで重ねたときも弱い個体が数多く出ました。当時はしっかりと選別を行わなかったためです。

背曲がりにも背曲がりを引き起こす（wy）という劣性遺伝子があります。狭がりは適切な選別によって排除が可能ですが、環境要因によってその出方が違うので選別はかなり困難です。内臓疾患を引き起こす遺伝子は見えません。雌雄バランスが崩れたとはいえ、F20以上重ねた方の選別と遺伝子固定化の熱意は私以上であったと感じます。

固定率を出して販売する矛盾

メダカの遺伝子固定化は間違いなく理論上可能です。Fを重ねることのメリットは何かというと、当然優れた表現個体がほぼ99％獲得可能ということ。つまり、ある意味でクローン個体

のようなものがどんどん生まれてくるということです。

　品種の固定化というのは、本来ここまできて固定化というのでしょう。現在メダカでは固定率という部分が30％であるとか、3％との記載がありバラつきがあります。

　もしかしたら、ホモ接合体とヘテロ接合体もあまり考えず、ただ似た同系統のメダカを掛け合わせて出てきた数を数値化しているに過ぎないのかもしれません。

　長い歴史のある金魚でも、30％の表現遺伝によって新品種とする基準があり、メダカでも金魚を参考に基準が定められているのかもしれません。

　趣味の世界なので楽しむことが大前提であるという上で、学術的な一般論では、100匹のうち数匹しか同じ表現のメダカが生まれないのに、固定率を出して販売するということはナンセンスに感じます。

 ### 変異の多いメダカだからこそ…

　私は3色透明鱗といわれるメダカが好きです。柄のメダカに関しては固定率が高くなり過ぎてしまうと、それもそれで面白くないだろうという矛盾も一方にはあります。まだ歴史が浅いメダカ業界の未熟性もまた、魅力なのかもしれません。

　累代交配を難しくしているもう一つの理由は、年々新しい表現のメダカが発表されるので、新しい品種との交配に興味が移ってしまうことがあります。

　累代を重ねてきたにもかかわらず、固定化される前に、新しい表現個体との交配を始めてしまう経験があります。

　このような感覚は、私以外のメダカを専門的に繁殖させているプロブリーダーの方々も分かると思います。いわゆる学術的な固定化というのは、専門家が実験室などで緻密に行っていかないと不可能であり、メダカブリーダーは学術的な部分と趣味的な部分との間に存在していて、どちらに偏り過ぎてもいけないと私はつねづね感じています。

 ### メダカを購入する方へ

　現状はプロブリーダーといわれる方々が、養殖場の傍らで販売するような趣味の世界であることを理解した上で、メダカの購入を考えてほしいと思います。変異の多いメダカだからこそ1品種の固定に時間がかけられず、固定率が上がっていかないのだと思います。

09 遺伝のしくみ

色素と遺伝

**3色の色素が作り上げる無限の色合いが
メダカの色の掛け合わせとなります。**

色素胞内にある色素顆粒の量

交配の過程を知れば、たとえば紅白や錦などの色合いを簡単に作ることができます。紅白や三色錦は、白地にオレンジの色素が飛んだ画期的な品種として人気が出ました。こうした色素は、色素胞内にある色素顆粒の量でもともと持っている色素の濃淡が決まっていきます。

さらに色素胞は泳ぐ環境に応じて、色素顆粒を移動させる拡散凝集反応に影響されます。つまりメダカは、色素顆粒を移動させることができ、これを一般的に保護色機能といいますが、正確には拡散凝集反応というわけです。

背地反応のおもしろさ

メダカの体色は、黒い容器に入れればより黒っぽく、白い容器に入れればより白っぽく目立たないように擬態します。

拡散凝集反応によって引き起こされる体色変化を背地反応と呼び、背地とは背景のように住む環境の色合いであり、それに合わせた色に反応するということです。

そして黒色素胞と白色素胞では、拡散凝集反応の挙動は反対になります。

▲色素濃淡だけでなく、透明燐などの形質を知ると血統を読み解くことができます。

▲体にラメが入っている個体は、先祖に幹之（螺鈿光）メダカがいることを示しています。

つまり黒い容器では黒色素胞は拡散して黒っぽく、白色素胞は凝集して無色になり、メダカの体色は黒っぽくなります。白い容器では逆に、メダカの体色は白っぽくなります。

濃い体色の表現は見栄えがする

黄色素胞は、黒色素胞と同様の挙動を示し、虹色素胞は拡散凝集反応をしません。メダカ作出において、より濃い体色の表現は水槽内でも見栄えがするために高額で取引されることが多いです。

遺伝について学びを深めていくと、ホモ接合体やヘテロ接合体、顕性（優性）の法則によって大体の体色は予測可能です。

余談ですが、実際に繁殖を進めていくと、首をかしげることもあります。メダカは個体差が大きく色素顆粒数のばらつきが多いです。同じ遺伝子BBRRであっても表現される色素の個体差は非常に大きいため、血統管理をしていないと他の遺伝子が混ざってしまったとしても見分けがつかなくなります。

通常の自然界ではこの拡散凝集反応は命を守るために大事な機能ですが、観賞魚としては色素を濃く表現させるために累代を重ねたりします。白い容器に入れても、もともと持っている黒い色素顆粒が多すぎて、ほとんど体色が変わらない真っ黒なメダカや黄色色素の強い朱赤のメダカも作出され、より色素の濃い個体に高値が付く傾向にあります。

▲血統を管理しないと、遺伝子は混ざり合い最終的には黒メダカばかりになっていくでしょう。血統管理は重要です。

色の掛け合わせの例

▲白メダカと青メダカ（ホモ接合体）を交配させると、子はすべて青メダカ（ヘテロ接合体）となる。

▲白メダカと緋メダカ（ホモ接合体）を交配させると、子はすべて緋メダカ（ヘテロ接合体）となる。

▲青メダカ・緋メダカを交配させると、子はすべて黒メダカとなる。

特質と遺伝

**少し複雑になりますが、メダカの遺伝の
優性について解説します。**

不完全顕性（優性）とは

　光メダカや透明鱗メダカの性質は、
不完全顕性（優性）といわれ、対立遺
伝子間の顕性と潜性の関係（優劣関係）
が明確でない遺伝子です。遺伝子の組
み合わせがヘテロの際、中間の形質が
表現されることを不完全顕性（優性）
といいます。

　透明鱗が入ると、F1でも中間的特
徴をもったメダカが生まれてきます。

　光遺伝子（色素でいうとRとかD
と同じように考える）が入ると、通常
のメダカでは、背ビレの軟条数が6本
であるのに対して、ヘテロでも軟条数
が6本以上あり10本前後になります
（軟条とは、背ビレを構成する線の数
です）。

なぜ「光メダカ」というのか

　普通体型で光体型の表現が出ていな
くても、背ビレの軟条数を数えると光
の遺伝子を持っているヘテロ個体であ
ることが目視で確認できます。

　さらに、光遺伝子をホモで持った光
メダカは背ビレが尻ビレと同じ形（軟
条数は18本前後）になり、尾ビレが
上下対称となって、ひし形になります。
そして、背骨を中心に腹側が背中に転
写した完全な光体型となります。

　通常のメダカのお腹の部分には虹色
素胞があり、それが背中に転写される
ことで背に移った腹の虹色素胞（グア
ニン）が光を反射するため「光メダカ」
といわれます。

　背曲がり遺伝子は脊柱を波状に曲げ
てしまいます。こちらは潜性（劣性）
遺伝子です。光体型は背曲がりが多い
ですが、こちらは背曲がり遺伝子によ
るものではなく、光メダカの転写とい
う突然変異の特徴であり、環境によっ
て曲がる後天的なものです。

適切な環境によって
多数の作出が可能

　ダルマメダカも潜性（劣性）遺伝子
です。しかし、潜性（劣性）ホモでも
すべてがダルマになるわけではなく、

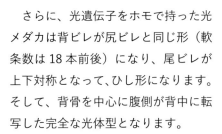

メダカの生態

自然環境とバクテリア

室内での飼育方法

屋外での飼育方法

飼育に役立つ鑑賞水草

めだか盆栽の魅力

青木式ミジンコ連続培養

メダカの繁殖

遺伝のしくみ

ワンポイントQ&A

生育時の環境要因も影響します。

　ダルマの作出率を上げるコツとして、高い水温下だとほとんどがダルマになるとか、半ダルマのほうがダルマの発生率が高いというような話が散見していますが、ダルマメダカは基本潜性（劣性）ホモであり、発生時の水温に影響を受ける以外に、背骨が強く癒着する遺伝子にも強弱があると思っています。

　背骨の成長異常を引き起こす遺伝子ととらえるならば、光メダカもダルマメダカも同じであり、背曲がりの少ない光メダカも、体がとても縮んだダルマメダカも、環境要因の工夫で多数作出が可能であると分かります。

▲ダルマメダカよりも体が少し長めの半ダルマは、安価で改良メダカとしての鑑賞価値は高い。

▲不完全顕性（優性）光メダカ。ヘテロでも目視で判断できる珍しい遺伝子。

高額メダカを買う前に

**高額メダカの掛け合わせを正しく理解するためには
メダカの遺伝の熟知が不可欠となります。**

 現物を自分の目で見て購入すべき

　高額メダカを購入しても、遺伝の法則を理解していなければ、親と同じ色（体型）の子供ができるとは限りません。

　メダカの金額はその珍しさによって決まっていて、ダルマメダカと半ダルマメダカでは金額が何倍も違いますし、これは色素にもいえることです。

　最近は通販で写真を見て購入する方も多いですが、なるべく現物を自分の目で見て購入してください。

　背地反応によって通常よりも見栄えがする容器で撮影されたものかもしれませんし、LEDライトによっては通常の太陽光以上に色素が反射するライトもあります。パソコン上では色の加工も容易です。購入したけれど思ったようなメダカではなかったとか、卵を購入したけれど育ててみたら違うメダカだったとか、一義的には販売する側の問題ですが、知識武装することによって防げることでもあります。

 間違った情報が多数拡散している

　そして、メダカ飼育自体が容易であり、新規事業参入者がとても多いこと、SNSが普及したことによって情報を発信するのが容易になったことも原因で、間違った情報が多数拡散しています。

　たとえば三色透明鱗と三色非透明鱗という記載があった場合。まず透明鱗の特徴はエラが透けるだけでなく、メダカが有する色素が体に飛び、部分的に色素が抜ける特徴があります。三色透明鱗メダカは、琥珀メダカと透明鱗の特徴によって、白・黒・朱（黄）がまばらに表現されることで、鯉のミニチュアのようなメダカとなりました。

　琥珀メダカの持つ3色素である、朱（黄）と黒が透明鱗の特徴と掛け合わさることで朱と黒、そして色抜け（白）が独立の法則によって表現される個体です。三色透明鱗においての白というものは、色素ではなく無色透明です。

　であるならば、非透明鱗の三色メダカの表現は遺伝的にはまったく別なも

のであると気づきます。透明鱗の遺伝子を持っていても頬が透けて赤く見える個体と頬が透けないものもいます。しかし、どちらも透明鱗であることには変わりありません。たとえば遠い先祖に透明鱗が入っているなら先祖返りが起こりうるので、それもまた透明鱗であると言えます。

　非透明鱗の三色は不可能かというとそうではありません。

　私は三色透明鱗が騒がれるより遥か前（15年以上前）に、白斑メダカで頭部が黄色に発色しているメダカを作出者の方からお送りいただいて現物を見ています。

トラブルを回避できる知識を持とう

　高額品種だから学ぶべきであるという意味ではありませんが、購入する側にとっては経済的損失が大きいのと、購入前にご自身でトラブルの回避ができるのであれば、それに越したことはないと思っています。

　購入する側が知識武装をしなければいけないメダカの世界は、ある意味悲しい現実に直面しているといえるのかもしれません。

▲朱赤ダルマメダカ

▲朱赤透明鱗ラメメダカ

▲白光ダルマメダカ

▲三色透明鱗錦メダカ

人間の血液型について

■ ■

　人間の血液型と遺伝について考えてみましょう。A型・B型・O型・AB型の4型、メダカのことで学んだホモ接合体とヘテロ接合体で考えると、A型B型は優性でO型は劣性です。

　AA型はホモ接合体でAO型はヘテロ接合体、AO型はAが優性なので表現はA型ですが、O型の遺伝子を持ち合わせているということです。B型も同じようにBB型とBOがあり、両親がBO型だと子供にB型とO型が生まれてくることが分かります。

　AB型の場合は、AA型とBB型、AO型とBO型、AA型とBO型、AO型とBB型から生まれてくる血液型といえます。

　メンデルの法則を学ぶと、親の血液型から自分の血液型がホモ接合体かヘテロ接合体かが分かりますし、たとえば結婚相手の血液型が分かると将来のお子さんの血液型も予測がつきます。

　とはいえ、血液型占いなどで人間を4つのタイプに大別して判断するなんてかなり強引なのでは？　けれどもこの判断は、ある意味正しいのかもしれないとメダカを飼育して感じることがあるのです。

　環境要因によってメダカ自体も基本的には順応していくのですが、絶対に慣れてくれないメダカも一部いるのです。

　たとえば、養殖場ではメダカは人間を恐れません。エサをあげようと近づくとメダカも近づいていきます。野生メダカなら人が近づいたら当然逃げますよね。これは環境によって順応した結果です。しかし、9割9分のメダカがエサに慣れているのに、どうやっても逃げるメダカがいるのです。これは、もともと持っている性質が後天的学習を上回っているということです。

ワンポイント Q&A

バクテリア水槽編

Q バクテリア命水液を添加している水槽の水草に、赤色とグレーが混ざった砂のようなものが付着して固まっています。除去の仕方はあるのでしょうか？　陰性植物など、成長が遅い水草の葉っぱに付着しています。

A 藍藻と同じようにシアノバクテリア（赤い藍藻）というものがあります。水がアルカリ性に傾いている状態なので、水質を酸性に傾けることで解決します。源命液は pH4なので源命液にトロミを付けてシアノバクテリアの上に乗せてあげると1日で解決します。源命液にトロミをつけるには、嚥下障害の方向けに市販されている介護食品や、料理で使う片栗粉などを用います。

Q 命水液と、市販されているPSB（光合成細菌）について教えてください。

A PSBは嫌気性菌とされており、濃縮タイプというものも散見していますが菌数が大事です。初期培養と継代培養というものがありますが、命水液は初期培養で作っていますので効果を保証できます。市販のものはホームセンターなど流通に乗って店頭に並ぶまでにもかなり時間を要しますし、いつ培養したものなのかも分かりませんので、可能な限り新鮮なものを使いましょう。時間の経過とともに菌は死滅していきます。

Q 棲みついたバクテリアの生存期間はどのくらいでしょうか？

A バクテリアはエサとなる毒素と水温などの環境が整っていれば死滅せず増殖します。バクテリアが棲みつき、環境が整うまで2週間から1カ月くらいはかかるとお考えください。
水槽内に生き物がいることでエサとなるアンモニアイオンが生成されますので、生き物がいてバランスが取れているかぎり、バクテリアは死滅しません。

メダカの生態

自然環境とバクテリア

室内での飼育方法

屋外での飼育方法

飼育に役立つ鑑賞水草

めだか盆栽の魅力

青木式ミジンコ連続培養

メダカの繁殖

遺伝のしくみ

ワンポイントQ&A

ワンポイント **Q&A**

Q 自然浄化水槽の立て方の簡単なコツをお願いします。

A 水槽を立てる基本ですが、30cm水槽の場合、まず粒の大きめなソイルを3cmほど敷いて、全体にバクテリア命水液をしみ込ませます。その後、パウダーソイルを上に3cmほど敷き詰めます。そして、パウダーソイルに源命液をキャップ2杯ほどしみ込ませます。さらに、ビニールをソイルの上に敷いて層が壊れないように水をゆっくりと張っていきます。

なお、エアレーションは必須です。パイロットフィッシュを10匹から20匹ほど入れ、命水液：源命液＝5：1で1週間ほど様子を見ます。大体1週間ほどで好気性バクテリア源命液が効き始めます。

できればここでいったん試薬を使い、NO_2濃度を測ってください。まだNO_2は検出されると思います。しかし、水換え厳禁です。NO_2の数値が高いようでしたら、命水液：源命液＝5：1を続けてください。

NO_2が分解されてくるとNO_3だけが検出されます。そうしたら、命水液を日々キャップ1杯で1〜2週間。大体3週間から1カ月以内に生物ろ過環境ができ上がります。そして、パイロットフィッシュを取り出して飼育するためのメダカを投入します。NO_3は魚に害がない数値まで脱窒と窒素同化によって安全な水となります。

▲硝酸イオン測定

Q 命水液と源命液を入れる割合はどうやって決めるのですか？

A あくまでも目安として、源命液：命水液＝1：5のイメージで投入してください。同時投入の意味であれば源命液はとても強いバクテリアで酸素の消費量が大きいです。源命液は30ℓでキャップ1杯とエアレーションが必須です。バクテリア源命液で酸素が欠乏し、バクテリア命水液が活躍します。投入量はあくまでも目安で足し引きしてかまいません。

飼育編

Q メダカ飼育初心者におすすめのメダカは何でしょうか?

A 普通種のメダカです。ダルマメダカは体系的に泳ぎが下手だったり、アルビノは弱視であるためにエサやりにもテクニックが必要です。最初は体型も見た目も普通のメダカから始めるのをおすすめいたします。

Q 「アルビノ」は育てるのが難しい?

A 成魚であれば問題ありませんが、稚魚は弱視のため、他の黒目の稚魚と一緒に育てることは無理です。目のいい黒目のメダカがエサを食べてしまい、アルビノは捕食できず餓死してしまいます。アルビノは同種のみで育ててください。

Q 同じ種類のメダカで飼育しなければならないのですか?

A 色や特徴が違っても、先祖は同じ野生の日本メダカです。同じ水槽で飼育することは問題ありません。しかし繁殖させると、どのようなメダカが生まれてくるのかという予測は難しくなります。

ワンポイント Q&A

Q 水槽のソイルですが、水槽内の環境ができ上がった場合、ソイルはそのままずっと使えるのでしょうか？　それとも1、2年といったタイミングで新しいソイルに入れ替えなければならないのでしょうか？

A 大体2年ぐらいを目安にしてください。2年もすると粒子がつぶれてきますが、粒子状になっている状態ならまだ使えます。

Q 屋外飼育のメダカの越冬はどのようにされているのでしょうか？私の地域では冬場は雪が結構降るのでどうしようか悩んでいます。

A 雪が入らないような場所に置くことが必要です。8割方ふたをして管理します。また、12月から2月末まではエサを与えません。たまにバクテリア命水液を投与し水質の管理を行います。

Q ゾウリムシはどのくらい入れればいいのですか？

A 生体なので入れ過ぎても水質が悪化することはありません。数を数えられるものではないので、培養に成功したペットボトルを振ってから、稚魚用水槽に日々20cc程度入れてあげてください。

ワンポイント Q&A

Q メダカが外に飛び出してしまうことがあります。なぜですか?

A 水質の急激な変化によってメダカは苦しくて水槽から飛び出してしまうことがあります。新しい水槽に入れたとたん、メダカ飛び跳ねるということも起こるので注意しましょう。

Q 攻撃的なメダカがいますが、同じ水槽でも大丈夫ですか?

A 可能であれば分けてあげてください。気性の荒いメダカも中にはいて、他のメダカのストレスとなります。交配だけでなく、同じ水槽で泳ぐだけでもある程度の相性は見てあげるべきでしょう。

Q おすすめのエサは何でしょうか?

A エサの成分も大事ですが、混入されている材料の数が多いほうを選んでください。メダカは雑食性であり、多様な食べ物を食べたほうが健康になります。たまにゾウリムシやミジンコなどの活餌も大事です。また、古いエサは劣化しますので、鮮度のいいエサを使ってください。

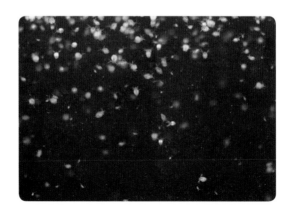

ワンポイント Q&A

Q どんな水槽がおすすめですか？

A 水深より水表面積の広いもの。酸素が触れる面が大きいほうが水中酸素濃度が高くなり安全です。

Q 冬の暖かい日にエサを与えるのはいいですか？

A ダメです。冬眠中でも暖かい日は泳ぎ回りますが、日中暖かくても夜になりますと冷えますので、また冬眠状態になります。冬眠時は体の機能がストップするので、そのときに体の中にエサが残っていたら危険なのです。

Q 屋外水槽が藻でいっぱいです。どうしたらいいですか？

A メダカの泳ぎを制限するような長い藻が出てきたら、取り除いてあげてください。藻は水が悪いからではなく、栄養価のある良い水だと増えていってしまいます。メダカにも藻にも心地良い水ですが、メダカが絡まって死んでしまう事があるので、増え過ぎたら間引いて管理しましょう。

ワンポイント Q&A

Q 井戸水や川の水を使って飼育するのはどうですか?

A その川にメダカが生息しているようなきれいな水質なら平気でしょう。井戸も地中深くから吸い上げる深井戸なら良いですが、通常の井戸水や川の水は雑菌が多くて逆に危険です。

Q 水換えのタイミングを教えてください（バクテリア水槽でない場合）。

A 2週間に1度という目安でお伝えしていますが、これは毒素を薄めるだけの行為です。基本は環境変化を極力生まないほうが好ましく、水換えは3分の1程度にしてください。

Q 綿かむりや白点病を早く治したいのですが、どうすればいいでしょうか。

A 病原菌は高温に弱いです。水温を30度近くまで上げて、塩浴をするとかなり改善すると思います。治療は病状によって治るまでの時間が違います。体から病気の症状が完全に消えたのち、念のため2〜3日は塩浴を続けましょう。

ワンポイント Q&A

Q メダカのライトは夜になったら消したほうがいいのですか？

A 人間と同じでメダカも寝ますので、必ずライトは消しましょう。24時間つけっぱなしだと、メダカも体調を崩しがちとなり短命になります。

Q 水面の油膜は大丈夫ですか？

A アンモニアや亜硝酸の毒素が溜まっている状態です。油膜が張ると酸素も溶け込まなくなり、好気性バクテリアも死に始めます。エアレーションで撹拌させバクテリア環境を整えてください。バランスの取れていない水はトロミがありエサの広がりが悪くなります。

Q 雨の水は安全ですか？

A 特に影響は感じていませんが、黄砂やPM2.5（微小粒子状物質）の問題などを聞くと雨にも魚に良くない成分が含まれているのが現状です。なるべく雨水が入らないような工夫をしましょう。

Q ヤマトヌマエビやミナミヌマエビと一緒に飼えますか？

A 水槽内のコケを食べてくれるのでとても相性が良いです。しかし、メダカは水温の耐性が強いですが、エビは25度を超えてくると死んでいってしまいますので室内飼育で使いましょう。

水草編

Q 前景草がうまく定着しないのですが、どのようにすれば良いのですか?

A 水草も適度な栄養がなければ枯れてしまいますし、ときにはハサミを入れたり間引いたりしなければ、良い環境は保てません。キューバ・パールグラスなどはとてもきれいに広がるのですが、もともと浅瀬で育つ植物のために、水深のあるところで長期間経過すると根が伸びて浮き上がってしまう水草もあります。

Q 新規で作った水槽に水草は入れていないのですが、水質安定に必要なのでしょうか?

A 水質安定のために重要です。浮草として使用するならアナカリスやマツモを入れてあげてください。水草が元気に育てば水が良いと判断できますし、茶色く溶けてくるようでしたら栄養分がないことが分かります。慣れてくると、水草で水質判断が可能になります。

ワンポイント Q&A

Q 屋外のスイレン鉢が水草だらけになりました。メダカに日光は届きますか？

A 日光が届かなくなるので、水草はある程度で間引いてください。水草が水面を覆ってしまうほどになると、水面に空気の流れができなくなってしまうことを意味しますから、酸素が水中に取り込まれず酸欠状態になります。そうならないためにも、屋外の水草はまめに間引きすることを忘れないようにしましょう。

Q メダカの水槽に水草を入れていたら、貝が発生してしまい、数が増えています。メダカに害はないですか？

A 貝が直接メダカに害を与えることはありません。少ない数であれば残りのエサを食べてくれるなどのメリットもあります。けれども増え過ぎると貝も呼吸をしてフンをするため、水槽内が酸欠状態になりかねません。水質悪化にもつながりますから、少ないうちに取り除いていったほうが良いでしょう。

ワンポイント Q&A

ミジンコ水槽編

Q ミジンコの種類や大きさを教えてください。

A 私が研究に使っていたミジンコは、ダフニアミジンコやタマミジンコです。大きさは、小さいものは目視が難しいほど小さく、大きくなっても1mm程度です。ミジンコは他に、カイミジンコやケンミジンコなど、数十種類のミジンコがいますが、エサとしては殻の柔らかいものが最適とされています。

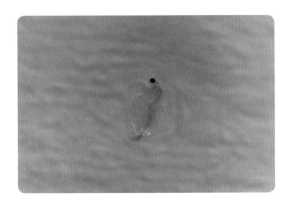

Q メダカのエサとしてはどのミジンコが良いのですか。

A 殻が柔らかいダフニアミジンコやタマミジンコがおすすめです。増やすのも難しくなく、メダカにとっての栄養価も高いです。

ワンポイント Q&A

Q 室内ミジンコ水槽について質問です。順調に培養できていますが、水槽ガラス面にウロ（茶ゴケがヘドロ状になったもの）が出ている状態です。ミジンコをすくおうとすると、ウロが舞い上がってしまいます。ミジンコ水槽のメンテナンス方法を教えてください。

A ミジンコ水槽は、よしずで影を作ること。そして命水液・源命液の投入量が重要です。通常、水は透明化し植物性プランクトンはミジンコによって食べられて消滅します。バクテリアバランスの悪い水槽にはウロのようなものが発生します。命水液と源命液の調整をはかってください。

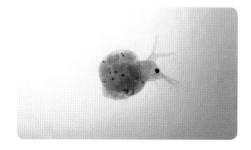

Q ミジンコをこれ以上増やしたくないときには、どうすればよいですか。

A ミジンコの増殖は、エサを止めればストップします。ただし、そのまま放置してしまうと、水質の劣化で全滅してしまうので、増殖目的でなく、畜養目的で命水液の定期的な投与が必要です。

繁殖編

Q うまく産卵しません。どうしたらよいでしょうか。

A 産卵がうまくいかない場合、次の3点を確認してください。
① 日照時間と水温の確認～産卵をするためには、日照時間が13時間あることと、水温が18度以上で繁殖を開始しますが、20度以上を保っているほうがうまくいきやすいです。
②エサが適量かどうか～産卵するには、メダカがエサを十分に食べていなければなりません。栄養が行き届いている状態にしましょう。
③交配品種の確認～メダカによっては交配が難しい品種もあります。なかでもダルマメダカは交尾がうまくなく、無精卵が多い品種です。

Q 産卵巣に卵を産み付けてくれません。どうしたらいいですか?

A メダカの産卵巣といえば、シュロ皮とホテイアオイの根が一般的ですが、最近は毛糸を束ねたものや、ポリプロピレンの網などいろいろな素材が使われています。卵が引っ掛かりやすい素材で産卵巣を作ると良いでしょう。暗がりに産み付けるので、シュロ皮を使うならラッパ状にしてあげるとその中に産み付けるようになります。

Q 卵が白くなって、ふ化する様子もないようなのですが、取り除いたほうが良いですか?

A 無精卵かもしれません。無精卵や死卵は取り除いたほうが良いです。面倒であればそのままでも問題はないですが、水質は悪化します。
稀にその卵にカビが生えることがありますが、生きている有精卵に移ることはほとんどありません。

ワンポイント Q&A

Q 外出前に水草に産み付けられた卵を発見したのですが、帰宅後に見たら卵が食べられてしまっていました。どのように対策すれば良いでしょうか。

A メダカは積極的に卵を食べることはしませんが、食卵を覚えたメダカは、日常的に食べるようになる恐れがありますから、食卵の癖をつけさせないのが一番です。エサが足りないと食卵が多くなりますから、繁殖期には回数を増やすようにすると良いでしょう。

Q メスが卵を産む時間帯は決まっていますか?

A メダカの繁殖行動は夜明けから2時間以内であることが多いです。稀に昼頃に繁殖活動をするペアも見つかります。

Q 新種や新品種というのは、何を指すのでしょうか?

A 新種は種としての新しいものなので、日本メダカの新種は改良メダカから出てくることはありません。改良メダカの中で、今までにない表現が固定化されて市場に出るときは、新品種として出回ります。

遺伝編

Q 日本メダカと海外のメダカとは同じ仲間ですか？

A 遺伝子も性質も全く異なります。そのため、交雑もしません。

Q 同じ色のメダカを交配すると子供も同じ色になりますか？

A そうとは限りません。ホモとヘテロがあり、ある程度の血統が分からないと子供に何が生まれてくるのかは分かりません。同色同表現の場合は似た形質が生まれてくる確率が高いということは間違いありません。

Q メダカの改良品種はどれくらいの種類があるのでしょうか。

A メダカの色素は、黄色・白・黒・虹色色素の4種類から成り立っており、それらの組み合わせによってさまざまな色のメダカが生まれています。あらゆる系統の体色を含めれば、数百もの種類が存在すると考えられています。

ワンポイント **Q&A**

Q ブチを目立たせる方法は？

A ブチの黒色素は背地反応により、濃くなったり薄くなったりします。黒い容器に入れてから観察してみてください。白い容器だとブチは薄くなります。

Q F1・F2とは何ですか？

A Filial の頭文字で世代を表します。F1 なら第一世代、F1 同士から生まれた次の系統を F2、第二世代といいます。

Q イエローメダカとオレンジメダカの見分け方を教えてください。

A イエローメダカもオレンジメダカも色素は同じで、色素の濃淡に違いがあるだけなので見分けがつきにくいと思います。ですので、色の濃いものがオレンジメダカ、薄いものがイエローメダカと判断するのが良いでしょう。

その他

Q メダカのことをもっと勉強したいと思っているのですがおすすめの勉強方法は?

A 生体なら生体、エサならエサ、水草なら水草の専門書があると思います。大きなくくりで学ぶよりも、一つひとつを分解して専門性を高めていくと最終的につながっていきます。

Q ダルマや半ダルマの基準は?

A 基準はありません。お店によって基準が設けられていると思います。(ダルマメダカは縮み過ぎると転覆病になりやすいです。ダルマにも良きバランスがあります)。

ワンポイント Q&A

Q エサをまとめ買いしてしまったのですが、消費期限はどのくらいですか。

A 消費期限はエサによって違うので、必ず確認するようにしてください。基本的に開封したら湿気は禁物ですから、必ず乾燥剤を入れて保存するようにしましょう。

Q 庭でメダカを飼っていますが、野良猫に食べられてしまう危険はありませんか？

A 金魚などの場合は、前足の爪でひっかけて水槽の外に出し、食べてしまうこともあります。けれどもメダカは体が小さいため、そうした可能性は低いでしょう。ただ、水槽内をかき回されてメダカに傷がつくこともありますから水槽にはふたや網を施しておきましょう。

おわりに

　最後までお読みいただきありがとうございました。

　八王子で趣味としてメダカ飼育を始めてから 20 年以上が経過します。当時、私がメダカに夢中になっていることを他人に話すと笑われることもありました。2004 年に実体験で学んだことをまとめて紹介する、メダカ総合情報サイト「めだかやドットコム」を設立しました。メダカはその辺りから少しずつ人気が出てきて、金魚や鯉に次ぐ第三の魚になるかもしれないといわれるようになりました。しかし今では金魚や鯉を凌ぎ、ペット市場においても犬・猫の次に大きなマーケットとなりました。

　当時を知っている人たちは、今のメダカブームを辿ると、「めだかやドットコム」に行きつくと口をそろえて言います。今や、私の活動を笑うものはひとりもいません。私はメダカとの対話を通じて、ただひたすらメダカが生きやすい環境作りに没頭してきました。青木式自然浄化水槽と名付け、窒素循環を水槽内に作り上げるしくみを考案しました。根拠を科学的に証明するために、特許を取得しました。

「青木式自然浄化水槽」とはひと言で、「自然環境に近い水質を生きものの相互作用によって作り上げるしくみ」なのですが、お客様からは水槽全体の景観が美しいと評価されるようになりました。私は意図して美しい景観の水槽を作ろうとしていたわけではありませんが、今では国内だけでなく海外にまで広がりを見せています。

　私は自分の感覚を信じ、自分で決めた目標をあきらめずに貫き、達成してきました。私は20代に大病をしていて、結婚後に大きな手術を経験しています。私が病床に伏していたとき、リカバリーのとき、そして起業から今日に至るまで、激動の日々を献身的に支えてきてくれたのが妻・海南子であり、娘の千代と千花です。

　真の功労者、海南子・千代・千花にこの本を捧げる。

2022年9月
青木崇浩

めだかと福祉——株式会社あやめ会

中学校の頃にクラスで飼育していたメダカ。毎日その水槽を眺めることが好きでした。

若い頃、運動や勉強も特に苦手なものはなく、あまり困った経験がない。私は大学入学時（1996年）頃から趣味でメダカを飼育していましたが、病気を自覚した2000年あたりから学業も疎かになりメダカの飼育が生きがいになっていきました。

20代の病気とともにめだかやドットコムの歴史があります。26歳のときに開頭手術を行い、30歳までは入退院を繰り返しました。リカバリーの中で私の日常を元気づけてくれたのがメダカであり、29歳のときにメダカの講師として招かれた先で知ったのが障害福祉事業でした。

順風満帆だった若い頃と絶望を感じた20代。絶望の中にいた未来を描くことも出来なかった私の存在を喜んでくれる人々に出会い、ある着想を得たのです。障害福祉にとって問題となっているのが低工賃問題でした。1カ月働いて700円という現実を知り、私が彼らと力を合わせてメダカ販売を行えば解決できるとひらめいたのです。

その日から私の病気は回復期に入り、30歳から社会復帰ができるようになりました。30代は福祉事業を徹底的に学び、40歳になったときに、株式会社あやめ会を設立し、自分の理想とするメダカを使った福祉事業をスタートさせることができました。あやめ会は6期目（2022年）であり八王子において、多くの方に喜んでいただける福祉事業所にまで成長いたしました。

株式会社めだかやドットコム

株式会社めだかやドットコムは、株式会社あやめ会とともに、私が代表を務める法人です。

私が2004年設立した法人で、2021年2月28日、コロナ禍真っただ中、正に緊急事態宣言中に八王子駅ビルOPA5階にオープンさせました。お客様を集客できない時期ではありましたが、どうしても40代の経営者としてチャレンジがしたかったのです。

この法人は福祉事業主体ではなく利益を追求します。メダカを武器にエンタメ市場やアパレル市場にも事業展開をしていて、2021年10月には株式会社avexの協力で私が作詞作曲した「めだか達への伝言」を全国リリース。また、私が敬愛するウエアブランドDESCENTEの善意によって、私が手描きでデザインしたメダカアイコンを落とし込んだアパレルも展開させて

いただいております。

大げさかもしれませんが、私はメダカのコンテンツで世界市場を狙っています。いつか欧州の美術館でめだか盆栽展を開催することや、海外のアクア市場に向けてめだか盆栽を紹介してく準備をしています。

忍者・富士山・サムライの次、日本のアイコンは「メダカ」です。

●著者紹介

青木崇浩（あおき・たかひろ）

1976年7月30日生　経営学部卒

日本観賞魚フェア総合優勝者であり、日本メダカの第一人者として知られる。
またメダカを使った福祉事業にて、福祉事業主としても船井総合研究所にて講演会
を行っている。世界的アクアブランドADA、2021年度特約店売上日本一獲得。

2016年水質改善バクテリア特許取得。めだか専門書5冊執筆、魚類学にてベ
ストセラー獲得、メディア出演多数。
2021年10月avexより「めだか達への伝言」をリリース。同年、株式会社デサン
トの協力により、メダカのアイコンを入れた別注アパレルを展開。

活躍するフィールドは医療・福祉分野だけでなく、アパレル、エンタメなど多岐
に渡る。また、東北復興支援事業を受諾するほど行政からの信頼も厚い。現在
青木の展開する商品の専門店開店依頼が殺到している。

●関連企業
『講演会事業』	株式会社船井総合研究所
『アクア事業』	株式会社ADA
『音楽事業』	株式会社エイベックス
『アパレル事業』	株式会社デサント
『めだか営利事業』	イオン株式会社
『めだか盆栽事業』	株式会社三越伊勢丹
『めだか盆栽事業』	株式会社小田急百貨店

●参考文献
メダカの飼い方と増やし方がわかる本／監修・青木崇浩 (日東書院)
元気なメダカの育て方と増やし方／監修・青木崇浩 (日東書院)
元気な魚が育つ水槽作り／著・青木崇浩 (日東書院)
日本一のブリーダーが教えるメダカの育て方と繁殖術／監修・青木崇浩 (日東書院)

編集協力／ミナトメイワ印刷 (株)、(株) エスクリエート
デザイン／(株) アイエムプランニング、cycle design
本文イラスト／高橋なおみ
写真撮影／小旗和人 (めだかやドットコム)

メダカの飼育方法 完全版

2022年10月1日　初版第1刷発行
2023年12月15日　初版第2刷発行

著　者　青木崇浩
発行者　廣瀬和二
発行所　株式会社日東書院本社
　　　　〒113-0033　東京都文京区本郷1丁目33番13号　春日町ビル5F
　　　　phone：03-5931-5930 (代表)
　　　　fax：03-6386-3087 (販売部)
　　　　URL：http://www.TG-NET.co.jp
印刷　　三共グラフィック株式会社
製本所　株式会社セイコーバインダリー